Histoire de la Physique: L'histoire de Newton, Feynman, Schrodinger, Heisenberg et Einstein. Découvrez les hommes qui ont percé les secrets de notre univers

Jordan Maxwell

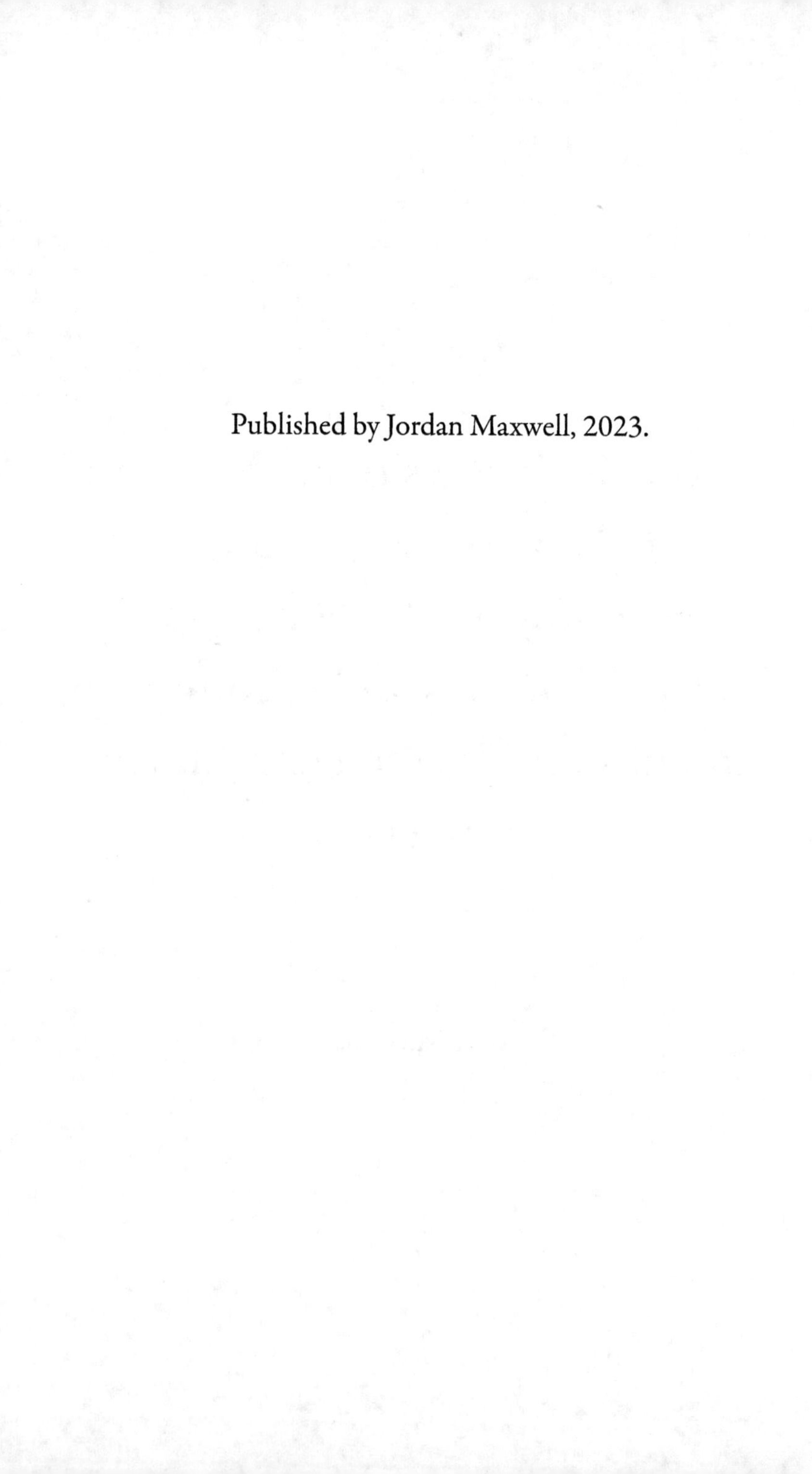

Published by Jordan Maxwell, 2023.

While every precaution has been taken in the preparation of this book, the publisher assumes no responsibility for errors or omissions, or for damages resulting from the use of the information contained herein.

HISTOIRE DE LA PHYSIQUE: L'HISTOIRE DE NEWTON, FEYNMAN, SCHRODINGER, HEISENBERG ET EINSTEIN. DÉCOUVREZ LES HOMMES QUI ONT PERCÉ LES SECRETS DE NOTRE UNIVERS

First edition. April 5, 2023.

Copyright © 2023 Jordan Maxwell.

ISBN: 979-8215838730

Written by Jordan Maxwell.

Also by Jordan Maxwell

History of Physics: The Story of Newton, Feynman, Schrodinger, Heisenberg and Einstein. Discover the Men Who Uncovered the Secrets of Our Universe.
Histoire de la Physique: L'histoire de Newton, Feynman, Schrodinger, Heisenberg et Einstein. Découvrez les hommes qui ont percé les secrets de notre univers

Table of Contents

INTRODUCTION

Les débuts de ce qui pourrait être considéré comme une histoire connectée de cette science que l'on appelle aujourd'hui la physique pourraient être placés avec une grande certitude au début du 17ème siècle et liés à l'excellent titre de Galilée. Il est évidemment vrai que d'innombrables faits isolés ont été connus pendant plusieurs siècles et qu'ils sont actuellement inclus dans les informations de la science ; de nombreux programmes et machines simples, qui sont actuellement considérés comme des applications des principes physiologiques, ont été inventés et utilisés. Même l'homme de l'Antiquité connaissait un certain nombre d'entre eux, ce qui lui a été très bénéfique. Cependant, à l'exception d'un cas majeur mentionné précédemment, il n'y a pas eu, au début du monde, d'ensemble de connaissances dans ce domaine qui puisse être qualifié de scientifique. À cet égard, la physique diffère considérablement des mathématiques, de l'histoire naturelle ou de la médecine, qui ont toutes commencé leur vie contemporaine grâce à un ensemble de connaissances scientifiques obtenues et mises en ordre avant la Renaissance. La cause de cette distinction est à rechercher dans le simple fait que le progrès de la physique dépend, presque d'emblée, de la technique de l'expérimentation par opposition à la procédure de contrôle. Pour des raisons émotionnelles inconnues, la reconnaissance des possibilités de l'expérimentation en tant qu'instrument intellectuel et la capacité de générer l'utilisation de sa méthode semblent assez tard dans l'histoire de l'amélioration humaine.

Les tendances modernes de l'historiographie des mathématiques ont contribué à repenser de nombreux aspects fondamentaux de l'histoire des mathématiques. La composition d'une histoire décente a commencé à nécessiter une sensibilité au matériel de la contribution humaine d'un physicien ainsi qu'à la situation culturelle, institutionnelle et financière dans laquelle la donation a été créée. Cette publication Histoire de la physique tente d'étudier cette complexité à travers des cas de composition de pointe dans ce qui est désormais considéré comme une région particulièrement dynamique de l'étude historique. En présentant une grande diversité de recherches en un seul volume, elle offre un aperçu des contributions techniques qui ont eu tendance à être dispersées dans des livres et des revues difficilement accessibles au lecteur.

CHAPITRE PREMIER
HISTOIRE DE LA PHYSIQUE

Les fondements de la physique, bien qu'intégrant des éléments de cette belle mathématique et astronomie pratiquée par les Babyloniens, les Indiens, les Égyptiens et les Zoroastriens, sont restés le plus souvent ancrés dans le monde surnaturel des dieux. Ce n'est qu'avec l'approche méthodologique et théorique des Grecs anciens que les mathématiques ont pris leur forme actuelle, basée sur les mathématiques et les premiers principes plutôt que sur la superstition. Il n'est pas toujours facile de déterminer l'origine de la physique primitive, principalement parce qu'il est très difficile de la distinguer de différents domaines tels que l'astronomie, les mathématiques et l'alchimie. La science a dû se diviser en domaines reconnaissables, voire se distinguer entièrement de la théologie et de la doctrine, de sorte qu'il y a eu un certain chevauchement au niveau de l'arrière-plan de la physique à ce stade.

L'histoire de la physique : L'enfant des mathématiques et de la philosophie

La culture grecque, selon les critères historiques, était extrêmement stable, malgré les querelles entre les cités-États d'Athènes, de Sparte et de Thèbes, entre autres. Cet équilibre et cette richesse ont permis aux arts et à la doctrine de s'épanouir, les poètes homériques et les dramaturges talentueux partageant le monde intellectuel avec quelques-uns des meilleurs philosophes que la planète ait jamais connus. Des mathématiques théoriques à la véritable astronomie, en passant par la doctrine complexe, la physique historique s'est efforcée de décrire le monde et de découvrir les lois qui le régissaient. Les premiers Grecs pensaient que le monde était compatible, idéal et régi par des lois de bon goût et des spécimens, comme l'ont expliqué des mathématiciens tels que Pythagore et Euclide.

Avant Aristote : Atomisme et législation organique

Thalès a été le tout premier physicien et ses concepts ont réellement donné son propre titre au sujet. Il pensait également que la planète, bien que composée de plusieurs substances, était en fait constituée d'un seul élément, l'eau, également appelée "physique" en grec ancien. L'interaction avec l'eau aux stades solide, gazeux et liquide conférait aux substances des propriétés différentes. C'est le premier prétexte pour faire passer les phénomènes naturels du royaume de la providence divine au domaine des explications et des lois pures. Anaximandre, célèbre pour son concept proto-évolutionniste, a contesté les idées de Thalès et a suggéré qu'au lieu de l'eau ordinaire, un matériau connu sous le nom de peiron a été l'élément constitutif de la matière. Avec l'aide du recul contemporain, nous pourrions dire qu'il s'agit là d'une autre figure sage d'Anaximandre et que cela ressemble beaucoup à la pensée selon laquelle l'hydrogène serait l'élément constitutif de la matière dans notre monde.

Héraclite (environ 500 av. J.-C.) a suggéré que la seule loi fondamentale évaluant le monde était la loi du changement et que rien ne restait exactement dans le même pays pour toujours. Ce suivi a fait de lui l'un des premiers savants de la physique ancienne à traiter d'une partie du temps dans le monde, l'une des théories les plus essentielles, même dans l'histoire des mathématiques d'aujourd'hui. L'un des premiers physiciens célèbres de l'Antiquité est Leucippe (Ve siècle av.

J.-C.), qui s'oppose catégoriquement au concept d'une intervention divine immédiate dans le monde. Ce philosophe suggérait plutôt que les phénomènes organiques avaient une cause pure.

Leucippe et son élève, Démocrite, ont produit le concept nucléaire initial, affirmant que les choses ne pouvaient pas être divisées indéfiniment et que l'on arriverait finalement à des morceaux différents qui ne pourraient pas être coupés. Il s'agit de substances cancérigènes, par a-tom (non coupé). Néanmoins, ce jalon spécifique de l'histoire des mathématiques pourrait être laissé de côté près de deux millénaires plus tard. Ce concept a conduit les atomistes à suggérer que ces molécules étaient régies par des réglementations strictes, au lieu de la providence divine. Cette élimination du libre arbitre de l'esprit dans les débuts de la physique était une opinion qui a produit ces philosophes détestés par Platon.

Les erreurs d'Aristote

Il est intéressant de noter que, bien qu'Aristote soit considéré comme le père des mathématiques et qu'il ait certainement contribué à l'histoire des mathématiques par sa stratégie et son empirisme, il a réellement entravé le progrès des mathématiques pendant plusieurs millénaires. Il a également commis l'erreur fatale de supposer que les concepts mathématiques et le monde organique ne se chevauchaient pas, ce qui témoigne de sa confiance excessive dans l'empirisme. Aristote a tenté de décrire des notions telles que le mouvement et la gravité à l'aide de son concept de composants, une accession à la physique primitive qui s'est également propagée à l'alchimie et aux médicaments.

Aristote croyait ardemment que toute matière était composée de quelques mélanges de cinq éléments, la terre, le feu, l'air, l'eau et l'éther indétectable. Il est allé plus loin en indiquant que le royaume de la terre avait été entouré par l'atmosphère, suivie de près par les royaumes de la passion et de l'éther. Chaque composante tentait de revenir dans son propre royaume, c'est pourquoi une pierre tombait sur le sol car elle espérait revenir dans sa composante particulière. Les flammes montaient parce qu'elles voulaient revenir au royaume du feu enveloppant. La fumée, un mélange de feu et d'air, montait également vers les cieux. L'eau coule à nouveau car le royaume de l'eau s'est placé sous le domaine de la terre.

Cette notion, selon laquelle ces domaines sont présents dans des cercles concentriques définis par des professionnels, et que l'éther englobe tout, s'est imposée pendant des décennies, formant la science européenne avant l'arrivée de ces cerveaux depuis Galilée et Newton. Jusque-là, la participation d'Aristote aux débuts de la physique a continué à égarer les chercheurs ultérieurs.

Eureka au fil des étoiles

Archimède est célèbre pour avoir découvert les principes fondamentaux de la densité et de la flottabilité en prenant un bain, mais ses contributions aux fondements des mathématiques sont bien plus profondes. Sa physique précoce est liée à son présent d'innovation, car il a utilisé des principes théoriques et mathématiques pour fabriquer des appareils qui sont encore utilisés aujourd'hui. Archimède a calculé que les mathématiques sous-jacentes de ce levier et a également développé des systèmes complexes de poulies pour transférer d'énormes objets avec un minimum de travail. Bien qu'il n'ait pas inventé ces premiers appareils, il les a améliorés et a établi des principes qui ont permis la construction de machines complexes. En outre, il a développé les principes fondamentaux des conditions d'équilibre et des centres de gravité, des idées qui allaient aider à déterminer les savants musulmans, Galilée et Newton.

Finalement, son tour d'Archimède pour le transfert des fluides est à la base de l'hydrotechnique moderne, et ses concepteurs de guerre ont aidé à retenir les armées de Rome lors de la première guerre punique. Archimède a même mis de côté les discussions d'Aristote et sa métaphysique, soulignant qu'il n'était pas possible de distinguer les mathématiques de la nature et l'a démontré en transformant des concepts mathématiques en créations pratiques.

Hipparque (190 - 120 av. J.-C.) s'est trouvé à cheval entre l'astronomie et la physique historique. Il a utilisé des méthodes géométriques complexes pour cartographier le mouvement des planètes et des étoiles, et même pour déterminer les moments où les éclipses solaires pouvaient se produire. Pour ce faire, il a inclus des calculs de l'espace de la lune et du soleil sur la Terre, en fonction de ses propres développements et des outils d'observation utilisés à ce moment-là.

CHAPITRE DEUX
LA PHYSIQUE ET LA NOUVELLE SCIENCE

La mécanique du mouvement organique et des projectiles de Galilée

La première curiosité de Galilée était la mécanique, l'utilisation des mathématiques pour les conditions d'équilibre, la statique, et aussi pour le mouvement, la cinématique et la dynamique, dont le but serait de réduire ces domaines à la géométrie, sans pouvoirs ou propriétés cachés. Cette curiosité ne l'a jamais abandonné, c'est le sujet de beaucoup de ses meilleurs travaux, et sa propre méthode d'investigation pour pratiquement tout. Ce que l'on appelle souvent le "platonisme" de Galilée, sa fascination pour les mathématiques et les états idéalisés, est en réalité l'évaluation mathématique subjective des mécanismes, et il en est venu à respecter tout mécanisme externe, tout ce qui n'est pas soumis à l'investigation mathématique, tout ce qui invoque des déclencheurs cachés, plutôt que les contraintes du "caractère". Sa méthode de pensée mécanique était la sienne, c'était la façon dont son cerveau fonctionnait, et il l'avait apprise de quelques mathématiciens. Les personnes qui l'intéressaient étaient des Italiens du dix-neuvième siècle, à la convention appelée géométrie fonctionnelle, contemplant à la fois la physique pure et appliquée, la mécanique, et aussi les éléments essentiels des machines, dont les deux principaux étaient Niccolò Tartaglia.

Ce dernier, Giovanni Battista Benedetti (1530—1590), excellent traducteur des mathématiques grecques, Federico Commandino (1509—1575), ainsi que son élève Guidobaldo del Monte (1545—1607), avec qui Galilée a correspondu. L'un des thèmes des mécanismes auxquels Galilée croyait, les principaux étant le "mouvement naturel", l'habitude de la chute des corps comme sur les plans inclinés, ainsi que le mouvement des projectiles sous l'effet d'une force imprimée. Il a pris en compte l'immunité des corps forts à la rupture, ainsi que l'hydrostatique de tous les corps en mouvement, et a fait des dons à ce sujet. Ses écrits et ses recherches sur ces sujets s'étendent sur une longue période, dans l'évaluation qualitative de son ancien traité De motu, tout au long des recherches expérimentales et théoriques énumérées dans ses notes de rapport sur le mouvement, dont aucune n'a été imprimée de son vivant, jusqu'à la firme annonce imprimée de quelques-unes de ses propres découvertes lors du Dialogue sur les deux grands systèmes du monde, ainsi que la finale exposition absolue des discours et des démonstrations mathématiques sur les deux nouvelles sciences.

Les principes **de Newton**

Dans la préface de ses Principes mathématiques de la philosophie naturelle (ci-après, Principia), Newton déclare un nouvel objectif frappant pour la philosophie organique et exprime sa confiance dans le fait que cet objectif peut être atteint. Des déclarations de ce type montrent souvent une comparaison entre les objectifs d'un scientifique spécifique, bien qu'astucieux, et l'évolution historique de ce domaine. Cependant, ce n'est pas vraiment le cas de Newton : Les travaux de Newton ont efficacement réorienté la philosophie naturelle pour des générations. Les Principia, parus en trois versions différentes (1687, 1713, 1726), ont clarifié l'idée de force utilisée dans le raisonnement physique sur le mouvement, et ont rassemblé les preuves d'une force unique : la gravité.

Nous lisons maintenant les Principia comme étant dirigés par la reconnaissance croissante par Newton de divers défis à la justification probante des forces, ainsi que par l'avancement des outils nécessaires pour réagir à ces défis. Les conséquences mathématiques auxquelles Newton est parvenu ont fourni un cadre initial pour poursuivre le travail de détection des pouvoirs et de recherche de preuves supplémentaires en faveur de la gravité. Il a attiré l'attention sur le rôle de la gravité dans un grand nombre de phénomènes organiques ("les mouvements des planètes, des comètes, de la Lune et de l'océan"). Il a également donné un traitement exact et qualitatif à des phénomènes qui avaient fait l'objet de spéculations inchoatives, comme les effets perturbateurs des planètes les unes autour des autres. Il a réglé la fantastique question cosmologique non résolue de l'époque : la validité de l'hypothèse copernicienne. Il a également défendu l'hypothèse copernicienne et képlérienne des mouvements planétaires, également révélée sur la base de la gravité internationale, le Soleil lui-même se déplace, bien que peu éloigné du centre de gravité fréquent du système solaire. L'effet de la gravité universelle sur l'analyse suivante de la mécanique céleste est difficile à cerner. Le concept de gravité de Newton reste une partie permanente de la mécanique céleste, bien qu'il ait été renforcé à partir du dix-neuvième siècle et ajusté avec la théorie de la relativité générale d'Einstein à partir du vingtième siècle."

IMPACT

Dans les Principia, Newton avait l'intention d'établir à la fois que la force de gravité suffices à expliquer presque tous les mouvements célestes et plusieurs événements terrestres, et de présenter des façons de raisonner en toute sécurité dans les événements de la philosophie organique. Auparavant, nous avons distingué trois mesures de l'argument en faveur de la gravitation universelle : (1) les mouvements des planètes, de leurs satellites et des comètes peuvent être expliqués par la force de gravité, (2) la force de gravité est plus universelle, et (3) la gravité est une "force de base". Nous avons également distingué le nouveau moyen d'interrogation proposé par Newton et ses motivations pour le porter à être exceptionnel par rapport au raisonnement privilégié par ses propres contemporains.

Si l'on juge par la capacité de Newton à persuader ses contemporains sur ces problèmes, la première variante des Principia a connu un succès limité en Angleterre et un effondrement presque total sur le continent. Halley composa un précis amalgamé, orné de toutes les copies attribuées à James II et imprimé dans les Philosophical Transactions. Flamsteed et Halley utilisèrent efficacement les pensées de Newton dans leurs études ultérieures, mais de nombreux associés de la Royal Society qui semblaient approuver les affirmations des Principia échouèrent sans un contrôle complet de cette publication. Hooke a accusé Newton de plagiat en ce qui concerne la loi de l'inverse du carré, mais il n'avait pas la capacité mathématique de suivre en détail la justification de Newton. Sir Christopher Wren et John Wallis possédaient certainement la méthode ;

cependant, il n'existe aucun enregistrement de l'évaluation ni aucune indication apparente d'influence. C'est une génération plus jeune de philosophes organiques qui s'est chargée de construire le travail de Newton, en particulier le mathématicien écossais David Gregory, ainsi que le jeune Anglais Roger Cotes, qui est mort à l'âge de 33 ans, peu de temps après avoir observé l'édition suivante. Cotes a apporté à la deuxième version un exposé très clair de l'argument de Newton en faveur de la gravitation universelle - une réponse polémique aux critiques continentales. Avant l'apparition de la variante suivante, peu ou pas de philosophes naturels anglais, en dehors de Cotes, Flamsteed, Gregory, Halley et John Keill, pouvaient comprendre les principaux objectifs de Newton et évaluer sérieusement s'il les avait atteints.

Sur le continent, les Principia ont été lus en parallèle avec les Principia Philosophia de Descartes et on a découvert qu'ils souffraient du contraste. Un ancien inspecteur français influentiel du cartésien, Régis, a proposé que les Principia soient un don à la mécanique ou aux mathématiques, mais pas aux mathématiques :

Le travail de M. Newton est un mécanisme, le meilleur que vous puissiez envisager, car il n'est pas susceptible de créer des présentations plus exactes ou plus précises que celles qu'il fournit dans les deux premiers romans. Mais il faut reconnaître qu'on ne peut pas respecter ces présentations autrement que comme mécaniques. Pour générer un opus aussi grand que possible, M. Newton n'a qu'à nous fournir une Physique aussi précise que sa santé mentale.

L'opinion selon laquelle un opus parfait doit incorporer une explication mécanique de la gravité concernant les actions du téléphone était ordinaire dans les cercles cartésiens. Le désaccord entre les deux Principia a souvent été présenté, comme dans l'Elogium de Fontenelle (1730), comme impliquant deux rapports hypothétiques rivaux du mouvement céleste à évaluer en fonction de leur pouvoir explicatif. Dans ce contexte, le recours à la fascination sans mécanisme inhérent a été considéré comme un défaut essentiel.

Le refus des Principia d'être une "physique" supposée a été connu comme ne fournissant pas de comptes causaux du caractère. Malgré cela, il a fourni un cadre influentiel pour aborder de nombreuses questions différentes en mécanique logique, et a également eu un impact direct sur les traditions de recherche actuelles dans le domaine des mécanismes. À Paris, par exemple, Varignon a reconnu l'importance des travaux de Newton et a introduit les Principia à l'Académie des sciences de Paris. Il a dérivé un certain nombre de résultats majeurs de Newton en utilisant une méthode mathématique leibnizienne, à partir de 1700. La réception initiale des Principia s'est toutefois concentrée sur les comptes rendus de la gravité et des mouvements planétaires.

Les détracteurs de l'attraction newtonienne ont tenté de monétiser les facettes du caractère planétaire de ce principe en même temps qu'un concept de vortex. Leibniz a suggéré en 1689 un concept de vortex qui se traduit par un mouvement le long d'orbites elliptiques obéissant à la règle du champ de Kepler. Indépendamment de cette revendication de découverte distincte, les manuscrits découverts par Bertoloni Meli montrent que ce concept a été conçu en réaction à une lecture attentive des premiers segments du roman 1. L'imitation étant la forme la plus sincère de la flatterie, les tentatives de Leibniz signifient qu'il apprécie le succès de Newton. Cependant, Leibniz semble n'avoir profité que d'une partie de ce que Newton avait réalisé, étudiant en fait les Principia comme s'ils étaient vraiment proches de ce firme manuscrit du De Motu, en se plaignant des résultats déjà inclus dans le DeMotu dans le texte, mais peut-être pas ailleurs.

Les conséquences supplémentaires significatives que Newton a développées pour être en mesure de voir les questions de mouvements réels, telles que les écarts dans le mouvement képlérien et le mouvement lunaire, semblent avoir échappé à l'attention de Leibniz. Leibniz n'a pas reconnu la possibilité d'une évaluation empirique supplémentaire du concept basée sur la fixation des écarts par rapport au mouvement képlérien et les détails divers du Livre 3. Cependant, en termes de pouvoir explicatif et d'intelligibilité, Leibniz a définitivement choisi ses propres récits comme étant exceptionnels par rapport à l'attraction newtonienne. En plus d'empêcher l'attraction, Leibniz a soutenu (dans la correspondance de Huygens) que son concept, contrairement à celui de Newton, rendrait compte de la réalité selon laquelle les planètes orbitent exactement dans la même direction et sur le même plan.

La forte opposition à l'attraction a poussé les savants de Paris et de Bâle à créer plusieurs concepts de tourbillons rivaux, à l'instar de Leibniz. En particulier, Johann Bernoulli a critiqué la plupart des éléments mathématiques du deuxième livre. Cette critique s'est limitée à la critique pertinente que

Bernoulli a faite en 1730 du remède de Newton concernant le couple. À partir de la variante suivante, Newton et Cotes ont formulé une objection forte et distincte au concept de vortex, indépendamment du remède du roman 2 : les concepts de vortex avaient beaucoup de mal à rendre compte du mouvement des comètes, en particulier des comètes rétrogrades. Les travaux énergiques sur les théories des tourbillons ont été abandonnés au milieu du siècle à la lumière des travaux de Clairaut, d'Euler et de beaucoup d'autres expliqués ci-dessous.

Les dernières remarques cruciales de Leibniz sur les Principia, après l'acrimonieuse question de priorité concernant le calcul, se sont concentrées presque uniquement sur la métaphysique de Newton et sa dépendance répréhensible à l'égard de l'action à distance. On a encore tendance à considérer ce problème comme l'élément vital de la première réaction critique à ces Principia. Newton a probablement trouvé cette méthode de formulation de l'argument, et ses réponses à Leibniz soulignent le pouvoir des préoccupations philosophiques.

Cependant, il y avait d'importantes critiques des Anciens sur des phrases que Newton aurait pu avouer : en particulier, en ce qui concerne la réussite empirique plutôt qu'explicative. Tout au long de la première moitié du vingtième siècle, il n'était pas du tout acquis que le concept de Newton serait justifié empiriquement. Alors que Huygens, comme Leibniz, considérait l'action à distance comme "absurde", il reconnaissait la puissance de l'argument de Newton en faveur de l'affirmation selon laquelle la loi de l'inverse du carré régissait le comportement des corps célestes. Mais il s'est opposé à la généralisation inductive de la gravité internationale, ainsi qu'au concept de philosophie pure, qui prévoyait de détecter les forces fondamentales. Tout comme Leibniz, Huygens a développé un concept de vortex qui peut rendre compte des forces célestes inverses du carré sans contribuer à une gravitation véritablement universelle. Le débat de Huygens a tourné autour de la révélation qu'aucune figure fondamentale n'a été nécessaire pour créer des vortex planétaires.

Mais surtout, Huygens a reconnu l'existence d'un contraste culturel crucial entre la gravité mondiale et le concept de vortex qu'il privilégiait. Les recherches que Huygens avait menées avec des horloges directionnelles pour déterminer la longitude en mer semblaient confirmer son concept par rapport à celui de Newton. Le concept de Huygens supposait que les flammes ralentissaient à l'équateur en raison des effets centrifuges dus à la seule rotation de la planète, bien que Newton ait ajouté une correction due à la fascination réciproque de toutes les particules à l'intérieur de la Terre. Il s'ensuivit une longue controverse sur la forme de la planète. Les théories de Newton et de Huygens impliquaient que la Terre pouvait avoir une forme oblate, aplatie dans les bâtons à différents niveaux ; en revanche, les Cassinis - une famille italienne renommée d'astronomes de l'Observatoire de Paris - affirmaient que la Terre avait une forme oblongue.

La controverse peut être réglée par des dimensions de pendule très éloignées les unes des autres, aussi près que possible du pôle nord et de l'équateur. Il a fallu une demi-heure pour trancher la controverse en faveur de Newton après la publication des résultats du voyage de Maupertuis en Laponie et de celui de

La Condamine dans ce qui est aujourd'hui le Pérou. La publication de Maupertuis sur le sujet est apparue peu après le long livre de Voltaire défendant Newton, avec l'aide d'Émilie du Châtelet, qui a publié plus tard une traduction influentielle et un commentaire coloré des Principia, et ils ont contribué à faire basculer la situation en faveur de la théorie newtonienne en France. Adam Smith, qui suivait de près les améliorations françaises, considérait que les "Observations de l'astronome sat Laponie et Pérou ont complètement confirmé le système de Sir Isaac.

En 1739, l'astronomie n'avait pas apporté de preuves aussi décisives en faveur de la gravité internationale. Les astronomes de toute la création de Newton ne disposaient pas des outils mathématiques nécessaires pour améliorer considérablement la précision selon son concept. Dans la version suivante des Principia, Newton a indiqué que la justification de cette Grande Inégalité à partir des mouvements de Jupiter et de Saturne pourrait dépendre de leur interaction mutuelle - ce qui a stimulé un travail plus spécialisé pour de nombreuses générations de mathématiciens. Dans la tradition prédictive, les Principia ont eu l'effet immédiat le plus puissant sur la notion de comète. Newton a été le premier à considérer les mouvements cométaires comme régis par des lois, ce qui a permis de prédire leur retour.

Selon les approches de Newton, Halley a publié un rapport sur les composantes orbitales de vingt-cinq collections d'observations cométaires, affirmant également que les comètes observées en 1531, 1607 et 1682 étaient des rendements périodiques de la même comète. Halley a prédit un retour en

1758, mais la période spécifique de l'apparition et la position prévue de cette apparition n'étaient pas particulières. Outre cette inexactitude et la faible quantité d'observations utilisées pour déterminer l'orbite, la conclusion de cette orbite était exceptionnellement difficile en raison des effets perturbateurs de Jupiter et de Saturne.

La période précédant le retour de la comète n'a guère suffi à créer les méthodes nécessaires pour calculer l'orbite selon la notion de Newton. Alexis-Claude Clairaut a réalisé la première passerelle numérique pour trouver le périhélie de la comète de Halley, un calcul très difficile. En novembre 1758, dans une course pour devancer la comète elle-même, il a également prédit que le périhélie de la comète aurait lieu dans un mois, à la mi-avril 1759. On avait découvert que la comète atteignait son périhélie le 13 mars. Clairaut soutient qu'il s'agit là d'une importante justification de la gravitation newtonienne, mais l'Académie de Paris débat vigoureusement de la véracité de ses propres calculs.

Le calcul de l'orbite de cette comète par Clairaut s'est d'abord appuyé sur la solution approximative de la difficulté des trois corps qu'il avait découverte dix ans plus tôt. Clairaut et ses contemporains, notamment Leonhard Euler et Jean le Rond d'Alembert, ont innové en dépassant le traitement qualitatif de Newton de cette question des trois corps (à partir de 1.66 et de ses corollaires) en utilisant des techniques analytiques pour construire une croissance perturbative. Ces approches analytiques reposaient sur un certain nombre d'inventions mathématiques postérieures au Principat, en particulier la compréhension des séries trigonométriques, et il n'est pas certain que les approches humanistes de Newton aient abouti à quelque chose de similaire. L'une des contraintes les plus frappantes de la mode mathématique des Principia est la limite évidente aux actes d'une seule variable indépendante. Du vivant de Newton, Varignon, Hermann et Johann Bernoulli avaient commencé à formuler des problèmes newtoniens concernant le calcul leibnizien. Euler, Clairaut et d'Alembert se sont inspirés de ces travaux, mais sans génération antérieure, ils ont réussi à apporter des améliorations significatives sur plusieurs questions que Newton n'avait pas réussi à traiter quantitativement.

En 1747, Euler a contesté la loi de l'induit inverse du carré en raison d'une anomalie liée au mouvement des absides lunaires. Newton a indiqué que ce mouvement pouvait être expliqué par l'effet perturbateur du Soleil, mais une lecture attentive des Principia montre que l'impact perturbateur calculé ne représente que la moitié du mouvement détecté. Euler privilégie le concept de vortex et utilise la découverte de la prophétie pour critiquer l'hypothèse de l'attraction spécifique inverse du carré. Clairaut et d'Alembert avaient déjà développé des méthodes perturbatives pour étudier le mouvement des absides lunaires en 1746. Ils sont tous deux parvenus à la même décision qu'Euler (le concept de Newton a été supprimé avec une moitié), et ont également cru qu'il fallait changer la loi de l'inverse du carré. Mais ce n'était pas nécessaire ; en 1748, Clairaut a effectué une analyse plus minutieuse et a découvert, à sa grande surprise, que les termes qu'il avait précédemment considérés comme négligeables supprimaient simplement les éliminations. Il salua cet effet comme fournissant la confirmation la plus cruciale de cette loi inverse :

'. ... plus je réfléchis à cette détection heureuse, plus elle me paraît significative... ". Car il est très sûr que c'est à partir de cette découverte que l'on peut respecter la loi de la fascination réciproquement proportionnelle aux carrés de leurs distances comme solidement reconnue ; et cela dépend de tout le concept de l'astronomie'.

Les méthodes développées dans les années 1740 ont permis d'évaluer les conséquences de la gravité mondiale pour plusieurs questions ouvertes en mécanique céleste. Newton a indiqué que les inégalités observées dans le mouvement de Jupiter et de Saturne pouvaient être expliquées par leur interaction gravitationnelle. Cependant, les tentatives de Flamsteed et de Newton pour résoudre le problème quantitativement n'ont pas été efficaces, et l'Académie de Paris a parrainé trois essais de prix consécutifs à partir de 1748 sur les inégalités. Clairaut et Alembert travaillaient sur la difficulté des trois corps à ce moment-là, et étaient membres de leur commission des trophées (et donc inéligibles). Les meilleurs concurrents de ces concours—Euler, Daniel Bernoulli, ainsi que Roger Boscovich- ont apporté des contributions significatives à cette question, mais un traitement complet n'a été atteint que par Laplace en 1785.

Les techniques analytiques mises au point pour résoudre le problème des trois corps ont également été appliquées au système Terre-Lune-Soleil. Newton avait suggéré (à la Prop. 3.39) que la précession des équinoxes est le résultat de l'attraction gravitationnelle du Soleil et de la Lune autour du renflement équatorial de la Terre. C'est à partir des années 1730 que l'astronome royal James Bradley a découvert un autre impact connu sous le nom de nutation, et a publié ses premiers résultats en 1748. La nutation décrit une petite variation de la précession des équinoxes, ou des oscillations de l'axe de rotation dues au changement d'orientation de l'orbite lunaire par rapport au renflement équatorial de la planète. Les observations de Bradley ont fourni une preuve puissante des effets de la Lune sur le mouvement de la planète, qui a été presque instantanément augmentée par la solution analytique de d'Alembert décrivant la nutation. Ce récit prospère de la précession et de la nutation a fourni des preuves de la loi du carré inversé presque aussi impressionnantes que le calcul de Clairaut. Mais avec les inventions de d'Alembert dans le plan d'application du concept sensoriel à la question, il y avait des cadeaux significatifs dans leur propre droit. Paraphrasant Laplace, la fonction de d'Alembert était que la graine qui pourrait porter des fruits plus tard remèdes des mécanismes des corps rigides.

Au milieu du siècle, la gravitation universelle était profondément ancrée dans la coutume de la mécanique céleste. La fixation du système solaire sur une méthode de masses ponctuelles interagissant par le biais de la gravitation newtonienne a entraîné d'énormes améliorations dans la compréhension des aspects physiologiques qui jouent un rôle dans les mouvements observés. Ces améliorations découlent en partie de l'élaboration de techniques mathématiques plus solides permettant d'estimer les conséquences de la gravité universelle, comme les scénarios que Newton n'était pas en mesure de traiter quantitativement. Parce qu'il est facile de violer l'argument empirique en faveur de Newton en 1687, les lecteurs contemporains considèrent souvent à tort que les Principia contiennent toute la mécanique logique moderne. Cependant, en réalité, Newton ne touche même pas à un certain nombre de questions de mécanique qui ont été discutées avec ses contemporains, comme le mouvement des corps rigides, le mouvement de rotation et le couple. Plusieurs éléments du roman 3, y compris les récits des marées et la forme de la Terre, ont été négligés en conséquence. Il ne s'agit pas d'un simple oubli qui peut être facilement corrigé. L'extension et la création des idées de Newton pour couvrir des domaines plus larges continuent d'être une lutte permanente en mécanique depuis.

La tentative d'assimiler et de développer les idées des Principia a constitué une ligne de réflexion importante dans le développement de la mécanique logique. Cependant, les mécanismes rationnels du dix-huitième siècle s'appuyaient également sur d'autres lignes de pensée distinctes. Pierre Varignon a préconisé une manière distincte de concevoir les mécanismes dans son Travail d'une nouvelle mécanique, qui a été publié exactement à la même époque que les Principia. Le travail de Newton a été assimilé à une ligne d'étude actuelle sur les mécanismes, une convention qui avait une portée beaucoup plus large. Les étonnants contemporains de Newton sur le continent - principalement Huygens, Leibniz, ainsi que Johann et Jacob Bernoulli - avaient apporté des contributions significatives à certaines questions de longue date en mécanique dont Newton n'avait pas parlé. Ces questions concernaient le comportement des corps élastiques, rigides et déformables au lieu des masses ponctuelles, ainsi que les concepts nécessaires à leur thérapie tels que la pression, le couple et les forces de contact.

Par exemple, Huygens (1673) a découvert le centre d'oscillation d'un pendule en se basant sur ce que Leibniz appellera la conservation de la vis viva. Jacob Bernoulli a traité cette question en travaillant avec la "régulation du levier" par opposition au principe de Huygens, puis a étendu ces idées à l'analyse des corps élastiques à partir des années 1690. Cette ligne de travail était totalement indépendante de Newton, et Truesdell (1968) affirme que l'effet des pensées de Bernoulli était presque aussi important que celui des Principia eux-mêmes. Les associés de la faculté de Bâle ont traité les Principia comme une lutte pour reproduire les effets de Newton dans leurs propres dispositions ou pour découvrir ses erreurs. Un certain nombre d'affirmations discutables du roman 2 ont servi d'impulsion à certains lieux de recherche. Le traitement par Newton de cet efflux de difficulté dans la proposition 2.36, par exemple, a partiellement résisté à l'essor de l'hydrodynamique de Daniel Bernoulli.

La riche interaction de ces idées a finalement conduit à des formules de mécanismes telles que la Mechanica d'Euler (1736), ainsi que son journal de 1752 annonçant un "Nouveau principe des mécanismes". Ce nouveau principe a été l'annonce que F=ma s'applique aux méthodes mécaniques d'une variété de continues ou discrètes, telles que les corps de scène et les masses de portée finie. Euler a immédiatement appliqué ce principe au mouvement des corps rigides. Il y a eu de nombreuses créations dans les formules de mécanismes d'Euler, mais nous insistons sur cette règle pour avertir les personnes susceptibles de voir que les travaux d'Euler et de beaucoup d'autres remontent à Newton. Les éditions des Principia imprimées à ce moment-là, par les frères Minimes Le Seur et Jacquier et par la Marquise du Châtelet, ont présenté les Principia en termes eulériens et ont révélé la façon de reformuler un certain nombre de résultats de Newton à l'aide du calcul symbolique.

Cependant, à ce stade, les Principia eux-mêmes avaient pratiquement disparu de la circulation ; leur lecture n'était pas obligatoire pour tous ceux qui s'occupaient de mécanique analytique, et il existait également de bien meilleures formulations modernes des principes inhérents aux mécanismes. L'étiquette typique de "mécanique newtonienne" pour ces traitements, bien qu'elle ne soit pas complètement injustifiée, néglige de reconnaître les inventions conceptuelles significatives qui ont eu lieu au dix-neuvième siècle ainsi que l'origine suprême de ces inventions dans le travail de Huygens, Leibniz et les Bernoulli.

CHAPITRE TROIS
CAUSE DE LA GRAVITÉ

Parmi les questions fondamentales de la doctrine du XVIIIe siècle figuraient le caractère et la cause de la pesanteur. En discutant de telles choses, nous devrions distinguer l'une des deux catégories suivantes

a) la force de gravité comme cause réelle (qui peut être calculée comme le produit des masses à l'intérieur de la distance au carré) ;

b) que la raison de la gravité) "la base des qualités de la gravité" et p) le milieu, le cas échéant, où elle a été transmise.

La plupart des débats concernant Newton conflatent ces choses. De toute évidence, si le modéré peut décrire toutes les qualités de la gravité, il est légitime de les conflater.

Une ligne de pensée popularisée par Newton au Scholium général de ces Principia consiste à affirmer simplement qu'il suffit que la gravité existe réellement et agisse selon la législation que nous avons mise en avant, tout en restant joliment agnostique quant aux causes qui peuvent la décrire. Avec ce point de vue, un individu peut prendre la vérité de la gravité à l'absence d'une justification de celle-ci. La significance du fait que les recherches futures pourraient être basées sur sa présence sans même s'inquiéter des choses extérieures à une recherche continue comparativement autonome. Bien que Newton n'ait pas été le premier à adopter cette attitude à l'égard de la question (elle fait écho à sa position antérieure face à la controverse soulevée par son étude sur l'optique ; tout au long des années 1660, les membres de la Royal Society avaient également étudié et mathématisé les règles de l'écrasement en adoptant une position similaire), c'est la sienne qui a eu l'impact le plus durable.

Dans sa célèbre correspondance avec Leibniz (1715—16), Clarke maintient une position très similaire à celle de Newton, bien que le débat de Clarke indique parfois une position plus instrumentale, où la gravité est supposée être un moyen de surveiller et de prévoir les conséquences, en particulier le mouvement relatif des figures. Dans son travail de révision, Berkeley a élaboré cette réinterprétation instrumentale de Newton. Pour Berkeley (et ensuite Hume), la science mathématique de Newton ne peut pas attribuer de déclencheurs - c'est la tâche du métaphysicien. Néanmoins, la plupart des adeptes de Newton au XVIIIe siècle ne se sont pas contentés d'accepter la gravité en raison d'une force causale réelle, mais ils étaient prêts à s'amuser des positions étonnamment divergentes concernant ses déclencheurs. Newton s'y attendait, lui qui, dans la première version des Principia, a enregistré au moins trois mécanismes potentiels différents qui expliqueront la fascination.

L'activité des modes de vie attirés par un autre peut impliquer des actions à distance. Un certain nombre des premiers abonnés des Principia pensaient que Newton était voué à agir à distance sur le modèle de la sympathie stoïcienne (ce que Leibniz soutenait dédaigneusement) ou de la gravité innée épicurienne (ce que Bentley suggérait dans des lettres aujourd'hui perdues à Newton). Les options de la sympathie stoïcienne et de la gravité épicurienne qui interprètent l'attraction comme résultant de l'essence des corps vont à l'encontre de la perspective autrefois dominante de la mécanique, qui permettait simplement le toucher des corps comme mécanisme approprié.

Il existe au XVIIIe siècle trois explications de l'origine de la pesanteur compatibles avec le premier sens de Newton. Tout d'abord, dans la préface de son éditeur aux Principia, Roger Cotes a affirmé que la gravité était une qualité principale de la chose et l'a mise sur le même plan que l'impénétrabilité et d'autres propriétés fréquemment considérées comme des qualités cruciales. Mais dans la variante suivante, Newton a précisé qu'il n'adoptait pas cette position, affirmant qu'il n'affirmait en aucun cas que la gravité était plus vitale pour les modes de vie. En outre, dans des réponses célèbres aux lettres de Bentley, Newton a nié de manière flagrante que la "gravité innée" fasse partie intégrante et soit inhérente à la question. Mais l'interprétation de Cotes est devenue tout à fait influentielle et a été adoptée par Emmanuel Kant, parmi beaucoup d'autres.

Une autre a été modelée sur la thèse de l'ajout superbe de Locke, à savoir que Dieu peut ajouter des attributs semblables à ceux de l'esprit à des questions différemment passives. Alors que la gravité n'est pas une qualité importante de la chose, elle est certainement dans la capacité de Dieu à doter la question d'attributs cérébraux dans le développement. Cette interprétation a été soutenue par Newton dans son commerce avec Bentley, et elle a été consommée par plusieurs des conférenciers de Boyle qui ont acquis la théologie physique du dix-huitième siècle. Elle a été rendue célèbre dans le monde francophone par une note de bas de page insérée par le traducteur français de l'Essai de Locke.

Une troisième voie a été proposée par Newton lui-même dans son "Traité du système du monde", publié à titre posthume. Curieusement, Newton a attiré l'attention sur l'existence du célèbre exposé supprimé de ses vues dans la courte préface de ce troisième roman dans les trois variantes des Principia, mais il n'est pas certain qu'il ait participé à l'organisation de cette publication annuelle après son décès. Dans le "Traité", Newton fournit un compte rendu relationnel de l'activité à distance. Selon la perspective qui y est présentée, la plupart des corps possèdent une inclinaison à graviter, mais celle-ci n'est déclenchée qu'en vertu du fait qu'ils possèdent cette nature fréquente. Bien qu'il soit prouvé que le "Traité" était encore lu au vingtième siècle, la perspective relationnelle ne semble pas avoir été très répandue. Néanmoins, elle est compatible avec la position adoptée par D'Alembert dans le Discours sur la lecture pour décrire l'accomplissement de Newton : "la matière pourrait avoir des propriétés que nous n'avions pas devinées".

Certaines personnes ont attribué à Newton l'opinion qu'il pensait que la gravitation reposait sur la volonté directe de Dieu. Cette position lui a été attribuée par Fatio de Duillier et, peut-être plus contestée, par David Gregory (tous deux considérés comme des éditeurs potentiels d'une nouvelle version des Principia proposée dans les années 1690), qui ont tous deux fait partie de son groupe, en particulier au cours des premières années qui ont suivi la publication de la première version des Principia. La situation est tout à fait cohérente avec le sens précédent de Newton (supposer que Dieu est insignifiant), et vous trouverez différents passages dans les écrits de Newton qui semblent compatibles avec elle. Par exemple, dans une lettre à Bentley, Newton écrit : "La gravité doit être provoquée par un agent agissant constamment selon certaines règles ; cependant, j'ai laissé à la réflexion de mon lecteur le soin de déterminer si cet agent est matériel ou immatériel".

Mais attribuer l'origine de la gravité à la volonté directrice de Dieu semble en contradiction avec un passage assez célèbre du Scholium général, dans lequel Newton explique exactement ce qu'il entend par l'omniprésence numérique et étendue de Dieu : "Il [Dieu] inclut et traite toutes les questions, mais il n'agit pas sur elles, elles agissent sur lui. Dieu ne rencontre rien dans le mouvement des corps ; vos corps ne ressentent aucune immunité dans l'omniprésence de Dieu. En revendiquant l'omniprésence à la fois large et numérique de Dieu, Newton signifie clairement que l'existence de Dieu n'interfère pas avec les mouvements des corps, que ce soit en leur fournissant une immunité ou en les poussant à agir. Comme David Hume l'a mentionné avec justesse :

Il n'appartenait pas à Sir Isaac Newton de déduire les causes secondes de toute force ou puissance, bien qu'un certain nombre de ses disciples se soient efforcés d'établir cette théorie sur la base de ses compétences.

En fin de compte, les concepts d'éther ont été assez populaires tout au long du vingtième siècle. Ils ont parfois été avancés en résistance à l'action newtonienne à distance (par exemple, par Euler). Mais nous voulons noter deux raisons : firmement, les concepts d'éther avaient un précédent newtonien : Newton a tenté de mettre en avant les comptes de l'éther dans le dernier paragraphe de ce General Scholium et dans une célèbre lettre à Boyle prouvée aux spectateurs du dix-huitième siècle. Les allusions de Newton n'étaient pas exactement identiques : dans sa propre lettre à Boyle, il imaginait l'éther comme un fluide compressible ; dans différentes interrogations sur les Opticks, il met en évidence les différentes densités de cet éther autour et entre les corps célestes, et il spécule également sur la nécessité de forces macabres à courte portée à l'intérieur de l'éther. Deuxièmement, les théories de l'éther consistent presque toujours en une activité à distance dans un rayon d'action relativement court. Le problème général des concepts de l'éther est qu'ils exigent que les éthers possèdent une masse négligeable, ce qui les rend très difficiles à découvrir, tout en étant capables d'une force et d'une rigidité fantastiques afin de transmettre la lumière aussi rapidement que Rømer l'avait calculé. Mais Newton n'a certainement pas exclu la possibilité d'un éther sans importance, composé d'esprits quelconques.

CHAPITRE QUATRE

LES MATHÉMATIQUES ET LES NOUVELLES SCIENCES

Révolutions en mathématiques au long du XVIIe siècle

Il y a quelques décennies, il était habituel de définir les décennies qui ont suivi la publication du De Revolutionibus de Copernic en 1543 et des Principia de Newton en 1687 comme la période de cette "révolution scientifique". D'autre part, l'opinion selon laquelle une transformation radicale et un bond en avant considérable se sont produits entre le milieu du XVIe siècle et la fin du XVIIe siècle grâce à la fonction de quelques géants a été critiquée récemment. Même l'historien des mathématiques n'est pas prêt à abandonner complètement ce point de vue, car il est vrai qu'au cours des dernières années, les sciences mathématiques n'ont pas connu de changements si profonds - en termes d'étendue et de stratégie - qu'ils méritent d'être qualifiés de radicaux.

Les débuts de l'algèbre symbolique à la fin de la Renaissance, de la géométrie analytique avec les fonctions de Fermat et de Descartes - parmi beaucoup d'autres - dès les premières années du XVIIe siècle, puis la découverte de ce calcul à l'époque de Newton et de Leibniz ont permis la mathématisation d'événements qui étaient considérés comme trop hors de portée du traitement mathématique depuis la création des philosophes purs avant Galilée. Pour prendre la mesure du changement, il suffit de penser au fait que, dès la fin du XIXe siècle, parmi les conseillers de Galilée et les principaux promoteurs de cette méthode mathématique de la nature (comme la focalisation sur la chute des corps et la percussion), Guidobaldo dal Monte (1545—1607), estimait que le mouvement des corps avait été sujet à de nombreuses irrégularités pour que cela puisse être considéré comme l'état de la science, tandis que dans les premières années du XIXe siècle, les mathématiciens ayant une expérience des méthodes de calcul mathématisaient, entre autres, le mouvement des projectiles dans les réseaux sociaux, le flux et le reflux de toutes les marées, la forme des planètes, la flexion des poutres, ainsi que le mouvement des fluides. Le présent chapitre est consacré à cette avancée capitale - ou révolution, si l'on veut l'appeler ainsi - et aux acteurs qui en sont responsables.

La révolution numérique dans la doctrine naturelle suscite également beaucoup de critiques et d'immunité. En effet, nombreux sont ceux qui ont trouvé les nouvelles techniques mathématiques peu rigoureuses et qui se sont montrés sceptiques quant à la possibilité d'appliquer les résultats obtenus par les mathématiciens à des phénomènes normaux. Les mathématiciens étaient critiqués par les expérimentateurs qui affirmaient que les phénomènes naturels, malgré toute leur sophistication, pouvaient à peine être soumis à des réglementations. Ceux dont je me souviens ici sont des leaders aussi éliminés dans le temps et variés dans leurs approches que Francis Bacon, qui a dépeint le caractère d'un silva résistant à la géométrisation, Robert Boyle, qui instille une doctrine expérimentale sur une doctrine naturelle mathématisée, ainsi qu'Alessandro Volta, qui avait une mauvaise idée de l'accomplissement de Charles Augustin Coulomb dans la détection d'une loi de l'inverse du carré pour les phénomènes électriques et magnétiques.

Comme nous le verrons, en battant en brèche ces critiques, les promoteurs de leur usage des mathématiques ont eu un effet profond sur des domaines tels que la physique, l'astronomie, la cosmologie et la bonté : ils ont modifié les méthodes utilisées dans ces domaines et leur propre nature, rendant leurs résultats presque inaccessibles aux profanes. Des participants aux histoires intellectuelles et aux qualifications académiques et sociales distinctes ont participé à la procédure : des professeurs de mathématiques employés dans les sciences, des humanistes mathématiciens occupés par des juges princiers, des ingénieurs, des astronomes, ainsi que des fabricants d'instruments. Avant d'entrer dans les détails de ces influences réciproques entre les mathématiques et la science qui en est issue, où les nouvelles entreprises scientifiques ont favorisé le développement de nouvelles techniques mathématiques et où les améliorations mathématiques ont ouvert la voie à de nouvelles études scientifiques, il convient d'analyser l'utilisation des mathématiciens à partir de la fin du XVIe siècle.

La place des sciences mathématiques à la fin de la Renaissance

Depuis le livre des fonctions de conception d'Alexandre Koyré, il est devenu courant de considérer que la mathématisation des caractères, aspect important de la progression des sciences, y compris la mécanique, l'astronomie et la bonté, s'est produite dans l'intervalle considéré dans ce chapitre - une variable clé aussi cruciale que le virage vers l'expérimentation vanté dans l'œuvre de Francis Bacon. En vérité, les mathématiques et les mathématiciens ont bénéficié d'un regain de prestige et d'intérêt au cours de la seconde moitié du siècle dernier. Bien que Koyré ait attribué la position croissante de leurs sciences mathématiques à la fin de la Renaissance à une catastrophe de la doctrine aristotélicienne et à un changement concomitant vers le néo-platonisme, Richard Westfall a suggéré que l'importance économique de la technologie, y compris la balistique, les fortifications et la gestion de l'eau, la navigation et la cartographie, a déclenché l'étude des mathématiques et fourni aux mathématiciens de nouvelles tâches et de nouvelles opportunités.

Lorsque nous nous concentrons sur les Facultés, les gens et les mathématiques ont été éduqués dans le cadre d'un programme médiéval dépendant de la subordination aristotélicienne de leurs sciences à la philosophie naturelle. L'une des principales activités de la philosophie pure était censée déterminer la racine du changement : Par exemple, les personnes du mouvement local. Nous devons nous rappeler que les idées de changement et de cause dans la doctrine aristotélicienne possédaient un spectre organisationnel bien plus large que celles définies par des pionniers du XVIIe siècle comme Descartes, qui a réduit la plupart des commutations au mouvement local des particules, traduisant également le changement de mouvement dû à des influences localisées entre les corpuscules. Ce qui nous intéresse, c'est que le discours dans lequel s'exprimait la philosophie naturelle d'Aristote n'était pas mathématique mais plausible : le discours du philosophe pur était fondé sur des syllogismes. Selon Aristote, c'est le raisonnement syllogistique plutôt que les mathématiques qui montre les causes du changement de caractère.

Il n'y a pas de meilleur exemple pour illustrer le statut inférieur des mathématiques par rapport à la philosophie naturelle que le lien existant entre la cosmologie et l'astronomie selon de nombreux aristotéliciens. L'astronomie était considérée comme faisant partie de ces sciences mathématiques dites "combinées", au même titre que l'harmonique, la mécanique, l'optique, etc. Même les matières mathématiques "pures" étaient, de toute évidence, l'arithmétique et la géométrie - deux domaines manifestement différents, l'un traitant de multitudes distinctes, l'autre de grandeurs constantes. Selon les aristotéliciens, l'astronomie en tant que science ne pouvait pas - et ne devait pas - être confondue avec la cosmologie, qui fait partie de la philosophie naturelle. Selon eux, l'objectif de l'astronomie était de prévoir les aires des corps célestes à l'aide de modèles mathématiques. L'astronomie n'expliquait pas les cieux, ni ne clarifiait les causes des mouvements célestes. Elle était donc considérée comme une science mathématique combinée, bénéficiant d'un statut inférieur à celui des sciences philosophiques telles que la cosmologie. C'est cette subordination de l'astronomie qui a été mise en doute par Copernic, qui disait que c'étaient les mathématiques qui démontraient la construction authentique du système.

Le système héliocentrique, selon Copernic, peut être clarifié au moyen d'un modèle mathématique exceptionnel par rapport au système géocentrique, essentiellement parce que les paramètres des orbites planétaires sont liés entre eux dans le système héliocentrique, alors que dans le système géocentrique, chaque planète est traitée individuellement. L'excellence mathématique du modèle héliocentrique a été considérée comme une indication de sa propre vérité. Il est incontestable que, comme l'a souligné Thomas Kuhn, Copernic et les quelques Coperniciens occupés à la seconde moitié du XIXe siècle se sont considérés comme les restaurateurs d'un lieu platonicien qui assigne aux mathématiques une fonction impensable pour les Aristotéliciens. En réalité, contrairement à Aristote, les anciens coperniciens croyaient, comme Platon l'avait enseigné, que le caractère était fondamentalement mathématique dans sa construction - d'où la capacité des mathématiques à montrer le véritable caractère de ce système planétaire, même si cela contredit la physique approuvée et la croyance commune. La discussion sur le statut des sciences mathématiques était étroitement liée à la réception contestée de ce système planétaire héliocentrique.

La discussion susmentionnée a éclaté dans une autre circonstance en 1547, après la publication du commentaire d'Alessandro Piccolomini (1508—1579) sur les Problemata Mechanica du pseudo-aristotélicien, un texte consacré à ce que l'on appelle les "machines simples" (parfois enregistrées comme le levier, et plus encore l'équilibre, le plan incliné, le coin, la poulie, ainsi que la torsion, qui ont suscité l'intérêt des académiciens des mathématiques ainsi que des ingénieurs). En fait, les Problemata Mechanica ont joué un rôle important dans le regain d'intérêt pour l'utilisation des mathématiques en mécanique, mais Piccolomini, comme d'autres philosophes aristotéliciens, s'est opposé au statut croissant des mathématiques. Selon lui, les mathématiques n'avaient pas l'innocence déductive de la logique syllogistique et n'étaient pas une science puisqu'elles ne révélaient pas les liens de causalité. Piccolomini, Benito Pereira (1535—1610) et bien d'autres, entrant dans cette guerre scientifique acharnée, ont fréquemment souligné le fait que les présentations mathématiques relient les prémisses et les effets d'une manière qui n'est pas unique, car il existe généralement plus d'une démonstration pour le même théorème et plus d'une structure pour exactement la même question.

En outre, les constructions géométriques sont complétées par le déploiement de figures mortelles qui n'appartiennent pas aux figures dont les possessions sont analysées. L'arbitraire des définitions, la pluralité des techniques, ainsi que les figures et lemmes auxiliaires décrivent la formation mathématique - un signal clair, pour les aristotéliciens, de leur statut scientifique réduit des mathématiques par rapport à la philosophie conventionnelle, un domaine qui révèle plutôt des liens de causalité uniques en se concentrant sur les propriétés fondamentales des éléments analysés. D'ordinaire, les jésuites, par exemple Christoph Clavius (1538—1612), qui avaient accordé une place de choix aux mathématiques dans leur révolutionnaire ratio studiorum, défendaient le statut scientifique des mathématiques. Il n'est guère surprenant que cette discussion éducative sur le statut des mathématiques ait eu lieu à une époque où le copernicanisme et la montée en puissance des deux philosophies néo-platoniciennes mettaient en péril la subalternation aristotélicienne des mathématiques dans la philosophie naturelle. Cependant, les universitaires de doctrine bien payés de l'Université de Pise dans les années 1580 - les universitaires de doctrine étaient rémunérés plusieurs fois plus que les professeurs de mathématiques - devaient se préoccuper de deux aspects supplémentaires qui élevaient les mathématiques au-dessus du statut qui leur avait été attribué dans le programme aristotélicien : la maturation de tendances nouvelles et d'ingénierie dans l'humanisme mathématique.

Les mathématiciens ne travaillaient pas seulement dans les universités. Nous devons déplacer notre regard vers les arsenaux, les chantiers navals, les champs de bataille, mais aussi les berges des canaux et des rivières, et les chemins des fabricants d'instruments et des cartographes lorsque nous voulons trouver des traces de ces développements intrigants qui se produisaient à l'époque des inventions étonnantes dans la science de la guerre, de l'enrégimentation des rivières, des fleuves ainsi que des voyages à longue distance par mer et par terre. Des ingénieurs et polymathes comme le Néerlandais Simon Stevin (1548/49—1620), l'Allemand Benedetto Castelli (1578—1643), le Portugais Pedro Nuñez (1502—1578), ainsi que l'Anglais Thomas Digges (1546—1595) ont découvert le mécénat bien au-delà des universités. Les mathématiques qu'ils pratiquaient avaient une autre fonction que celle de leurs sujets formés dans les universités. Leurs méthodes ont été louées en raison de leur efficacité, et non de leur rigueur ou même de leurs mérites scientific.

La seconde moitié du XVIe siècle a été l'époque où la philologie humaniste a donné naissance à des traductions critiques et à des variations de textes dans la tradition originale. Le travail de Federico Commandino (1509—1575), humaniste, conseiller médical et mathématicien qui a travaillé à Urbino (Italie) pour le compte de son duc et à Rome en tant que médecin privé d'un cardinal, revêt une importance particulière. Commandino a créé des variantes commentées d'un grand nombre de fonctions d'Apollonios, d'Archimède, d'Euclide et d'autres auteurs classiques. On peut citer ici son commentaire du travail d'Archimède sur les corps flottants (1565), qui améliorait la variante précédente de Tartaglia (1543), son premier travail sur les centres de gravité (1565), et ses propres variations du Spiritalium liber (Pneumatique) de Heron (1575) et des Mathematicae Collectiones de Pappus.

La conséquence de ce travail philologique fut la découverte des mathématiques grecques combinées dans les domaines de la statique et de l'équilibre des fluides. Contre Aristote, les travaux d'Archimède ainsi que la compilation des recherches grecques sur les "mécanismes rationnels" présentée dans la huitième publication de la Collectio de Pappus (largement consacrée aux résultats de Philon de Byzance et de Héron) que Dal Monte a décidé de publier après le départ de Commandino, ont révélé que les mathématiques pouvaient être appliquées au caractère, du moins dans certains cas bien définis d'équilibre statique. Les questions traitées avec cette convention d'Archimède étaient l'équilibre dans des machines simples ainsi que des corps (formés, par exemple, comme des paraboloïdes de révolution) à un fluid. Dans ce contexte, il était essentiel de trouver le centre de gravité des solides. Galilée fut introduit dans la tradition archimédienne cultivée à Urbino - une convention qui ouvrait de nouvelles perspectives au-delà du canon aristotélicien des sciences mathématiques combinées - par son professeur de mathématiques Ostilio et par l'un des étudiants les plus talentueux de Commadino, Guidobaldo dal Monte, l'auteur du traité le plus exhaustif et faisant autorité sur le concept des machines simples, Mechanicorum Liber (1577).

Guidobaldo améliora encore la convention archimédienne en publiant deux ouvrages : At Duos Archimedis Aequeponderantium Libros Paraphrasis (1588), que Galilée reçoit en cadeau, et De Cochlea Libri Quatuor (1615). Vers 1590, Galilée et dal Monte réalisent un essai commun sur le mouvement des projectiles en lançant une boule tachée d'encre dans un plan incliné. Guidobaldo estime que la trajectoire décrite par le morceau roulant sur le plan est une série suspendue, "comme une parabole ou une hyperbole". Le mouvement n'était peut-être pas aussi mathématiquement insoluble qu'il l'avait cru jusqu'alors.

CHAPITRE CINQ

PHYSIQUE ET COSMOLOGIE

Bien que la cosmologie soit assez ancienne, datant des sociétés pré-alphabétisées, même un scientific estime qu'il s'agit d'une branche relativement récente de la compréhension. La cosmologie physique - considérée comme l'analyse du monde qui ne repose pas uniquement sur des observations sensorielles, mais aussi sur des lois et des techniques physiques - est beaucoup plus jeune et remonte pour l'essentiel au vingtième siècle. Alors que les physiciens d'aujourd'hui pourraient penser que la cosmologie fait appel aux mathématiques, ce n'est pas le cas dans une première vision. L'analyse du monde dans son ensemble ayant évolué tout au long du siècle dernier, c'est un sujet largement cultivé par les astronomes, les physiciens et les mathématiciens, sans oublier les philosophes. Bien que les questions philosophiques et sociologiques associées au monde ne puissent être ignorées ou séparées des aspects scientifiques, l'exposé suivant se concentre sur le travail effectué par les physiciens pour transformer la cosmologie en un domaine d'étude qui repose étroitement sur la compréhension physique de base.

La cosmologie du vingtième siècle est loin de s'être améliorée facilement ou linéairement, mais malgré plusieurs erreurs et impasses, elle s'est remarquablement améliorée. Il est clair que les physiciens prennent plaisir à percer certains des secrets les plus importants de ce monde. En 1988, deux astrophysiciens américains ont déclaré : "La cosmologie est devenue une véritable science dans le sens où les notions sont non seulement développées mais aussi analysées en laboratoire". On est loin des époques antérieures où les théories cosmologiques proliféraient et où il n'y avait guère de solution pour confirmer ou réfuter certaines d'entre elles en dehors de leur attrait esthétique. Peut-être, mais comment en est-on arrivé là ?

L'essor de l'astrophysique

La cosmologie physiologique du vingtième siècle s'est appuyée sur les méthodes et les connaissances de l'astrophysique, un nouveau domaine de recherche interdisciplinaire qui a vu le jour au siècle dernier et qui a largement contribué à modifier la définition même de l'astronomie. Au début du vingtième siècle, l'astronomie était encore considérée comme une science strictement observationnelle utilisant des procédures mathématiques, et beaucoup moins comme une partie des sciences physiologiques. Selon la conception standard de l'astronomie, "astrophysique" était un terme impropre et "astrochimie" l'était encore plus. Les choses ont radicalement changé avec l'apparition de la spectroscopie, qui, à ses débuts dans les années 1860, a été utilisée pour obtenir des détails sur l'état physique et la composition chimique du Soleil et d'autres corps célestes.

L'effet Doppler a été rapidement vérifié pour les ondes audio, alors que sa légitimité pour la lumière est restée controversée pendant de nombreuses décennies. Ce n'est qu'en 1868 que l'astronome britannique William Huggins, chef de file de l'astrospectroscopie, déclara avoir découvert un léger changement dans la longueur d'onde de la lumière de Sirius, ce qui, selon lui, indiquait que l'étoile s'éloignait de la Terre. Il a fallu attendre vingt ans pour que l'effet Doppler optique soit firmément démontré pour une figure astronomique, lorsque l'astronome allemand Hermann Vogel a analysé la rotation du Soleil.

Les débuts de la spectroscopie, grâce à l'invention du spectroscope par le physicien de Heidelberg Gustav Robert Kirchhoff et son collègue chimiste Wilhelm Robert Bunsen, ont permis de fonder efficacement l'étude chimique et physique de ces célébrités. Grâce à cette nouvelle stratégie, il est possible d'identifier les composants chimiques des atmosphères stellaires et de classer les étoiles en fonction de leur température de surface. L'astrospectroscopie a également permis de découvrir de nouveaux composants inconnus des chimistes, tels que l'hélium, le nébulium et l'archonium. Parmi ces composants inconnus, déterminés sur la base de traces spectrales non identifiées dans le ciel, seul l'hélium s'est avéré réel. La présence d'hélium dans l'atmosphère du Soleil a été signalée par l'astronome britannique Norman Lockyer vers 1870, et 25 décennies après la découverte du composant dans les ressources terrestres par son compatriote, le chimiste William Ramsay. L'hélium s'avérera important pour la cosmologie, mais à l'époque, il n'était qu'un objet de fascination, un gaz inerte que l'on supposait peu fréquent et qui ne présentait aucun intérêt scientifique ou industriel.

L'astrochimie qui a vu le jour à l'époque victorienne a soulevé de nouvelles questions passionnantes, comme la possibilité que les atomes soient compliqués et puissent exister sous des formes beaucoup plus différentes dans les célébrités. Lockyer et d'autres scientifiques ont osé élargir le point de vue de l'astrospectroscopie à ce que l'on pourrait appeler la "cosmospectroscopie". Par exemple, dans un discours prononcé en 1886 devant l'assemblée de la British Association for the Advancement of Science, William Crookes a émis l'hypothèse que les composants n'avaient pas toujours existé, mais qu'ils avaient été façonnés dans le passé cosmique dans des conditions très différentes de celles que l'on connaît aujourd'hui. Il a supposé que toute la matière avait été formée au cours de processus de "darwinisme inorganique" et qu'elle avait été initialement dans "un état ultragaseux, à une température inconcevablement plus chaude que tout ce qui existe actuellement dans l'univers observable". Selon Crookes, la matière n'a pas existé éternellement, mais est apparue dans un passé lointain :

Commençons par l'instant où la première partie est apparue. Auparavant, la chose, telle que nous l'entendons, n'existait pas. Il est tout aussi impossible de concevoir une chose dotée de vitalité, qu'une énergie indépendante de... En même temps que l'invention des atomes, les propriétés et les attributs qui permettent de distinguer un élément composé d'un autre ont commencé à exister en étant complètement dotés d'électricité.

Les spéculations cosmiques du type de celles de Lockyer et Crookes n'étaient qu'un des facteurs de cette nouvelle astrophysique ; l'analyse de la chaleur et son application à la recherche en étaient un autre. L'histoire de l'étude du spectre remonte aux recherches fondamentales de Kirchhoff sur ce qu'il appelait le rayonnement du corps noir, dont l'analyse pouvait finalement contribuer au concept de quantification de la puissance. Avant la loi de Max Planck sur le rayonnement du corps noir, la physique du rayonnement thermique a été mise en œuvre pour évaluer la surface du soleil. En 1895, le physicien allemand Friedrich Paschen a utilisé les dimensions de la constante solaire et la loi de déplacement de Wien pour établir les températures du Soleil à environ 5 000° C, même assez proche de sa valeur contemporaine. Comme les scientifiques de 1900 ne pouvaient pas envisager l'importance future de l'hélium en cosmologie, ils n'étaient pas en mesure d'envisager l'importance de la législation sur le rayonnement du corps noir dans les recherches cosmologiques ultérieures.

Cosmologie physique Relativité aérienne

Bien que les astronomes se soient intéressés aux questions cosmologiques à partir de la seconde moitié du XIXe siècle, les physiciens, les philosophes et les cosmologistes amateurs ont débattu de ces questions en se fondant sur les lois mathématiques fondamentales qui, à l'époque, supposaient la loi de la gravitation de Newton et les deux lois de la thermodynamique. Il a été reconnu très tôt que la deuxième loi de la thermodynamique, qui exprime une tendance mondiale à l'équilibre dans tout système fermé, pouvait avoir de profonds effets cosmologiques. En réalité, Rudolf Clausius, l'inventeur de la notion d'entropie, a conçu la deuxième loi parce que l'entropie de la terre tend vers un maximum" (c'est moi qui souligne). Si l'entropie du monde continue à s'élever vers une valeur maximale, on pourrait penser qu'à long terme, le monde ne deviendrait pas simplement mort, mais qu'il serait dépourvu de toute construction et de toute entreprise. Si cette nation s'était produite, le monde y resterait. Voici la prévision de la "mort thermique", énoncée pour la première fois explicitement par Hermann von Helmholtz lors d'une conférence en 1854 et discutée par la suite par de nombreux scientifiques et philosophes. La version de Clausius de 1868 est la suivante :

Plus le monde s'approche de cet état limite où l'entropie est maximale, plus les événements de changement supplémentaire diminuent ; et en supposant que la maladie soit complètement atteinte, aucun changement supplémentaire ne pourra plus jamais se produire, et le monde sera dans un état de passage immuable.

La loi suivante contredit l'idée d'un monde cyclique, la croyance populaire selon laquelle "les mêmes conditions se reproduisent toujours, et à très long terme, la nation de la terre reste inchangée".

La situation de mort par la chaleur n'était pas seulement controversée parce qu'elle mettait fin à toute existence et action dans le monde, mais aussi parce qu'elle était parfois utilisée comme argument pour obtenir un monde d'ère finie, c'est-à-dire un début cosmique (qui était souvent considéré comme une production). Puisque, selon les discussions, lorsque le monde a existé pendant une période infinie, l'entropie s'est constamment améliorée, la mort par échauffement se serait déjà produite ; puisque le monde n'était manifestement pas dans un état d'entropie maximale, elle n'a pu se produire que pendant une période de temps finie. Le "débat sur la création entropique", suggéré et discuté par des scientifiques chrétiens en particulier, était controversé en raison de son institution à des notions spirituelles d'un monde divinement établi.6 Il a été sérieusement critiqué par des philosophes et des scientifiques (comme Ernst Mach, Pierre Duhem, ainsi que Svante Arrhenius), qui ont également nié que la loi de croissance de l'entropie puisse être légalement appliquée à l'ensemble du monde. Le débat passionné sur l'entropie cosmique s'est éteint vers 1910, sans aboutir à un consensus ou à une meilleure compréhension scientifique de la condition physique de ce monde. Néanmoins, la situation de mort thermique a continué à faire partie de la cosmologie au cours de l'étape suivante de la science.

La loi de la gravitation de Newton nécessitait de grandes réalisations en mécanique céleste et une juridiction scientifique inégalée, et l'on supposait généralement que la législation pouvait être tout aussi efficace pour rendre compte de l'approvisionnement de leur nombre incalculable de célébrités qui filent le monde, que de nombreux physiciens et astronomes (après Newton) croyaient être infiniment grand. Mais en 1895, l'astronome allemand Hugo von Seeliger a démontré qu'un monde euclidien infinite utilisant une distribution de masse uniforme ne pouvait pas être mis en accord avec la loi de la gravitation de Newton.

C'est-à-dire qu'il a également introduit un facteur d'atténuation du type exp(—r), dans lequel se trouve une très petite constante. Grâce à ce secours, il pourrait échapper à l'effondrement gravitationnel de ce monde newtonien infinite. D'autres scientifiques ont atteint le même objectif sans modifier la loi de Newton. Par exemple, l'astronome suédois Carl Charlier a révélé en 1908 que lorsque le principe d'uniformité était rompu et remplacé par un arrangement fractal des systèmes de célébrité, il n'y avait pas de paradoxe gravitationnel. D'une manière ou d'une autre, la plupart des astronomes ont découvert qu'il était difficile de concevoir un monde qui ne soit pas spatialement infinite.

Seuls quelques physiciens et astronomes ont reconnu la possibilité d'une zone fermée et finie de ce type que le mathématicien Berhard Riemann avait introduite dans la navette. Bien que les mathématiciens aient reconnu l'existence d'une zone non euclidienne "courbe", les physiciens et les astronomes ne l'ont que rarement prise en compte.

L'astrophysicien allemand Karl Friedrich Zöllner a sans doute été le premier à le faire lors d'un travail réalisé en 1872. En 1900, Karl Schwarzschild a également évoqué la possibilité que la géométrie de la distance dépende des dimensions astronomiques. Il a exprimé sa préférence pour une distance fermée et finie, mais n'a pas développé ses idées pour en faire une notion cosmologique. Dans l'ensemble, la distance courbe en tant que source pour la cosmologie a dû attendre la théorie générale de la relativité d'Einstein.

L'une des grandes questions de l'astronomie et de la cosmologie vers 1900 était de savoir si les nébuleuses, et notamment les nébuleuses spirales, étaient des constructions semblables à la Voie lactée ou des structures considérablement plus petites situées à l'intérieur de celle-ci. La première perspective, appelée le concept de "monde insulaire", datant du dix-neuvième siècle, a également bénéficié de l'aide de plusieurs mesures spectroscopiques, sans pour autant être approuvée par la plupart des astronomes. Selon cette autre perspective, la Voie lactée représentait en fait l'ensemble du monde matériel, placé dans une zone potentiellement infinie ou dans un milieu scénique. Aucun penseur compétent", a déclaré l'astronome britannique Agnes Clerk en 1890, "ne peut aujourd'hui, on peut l'affirmer sans risque, garder n'importe quelle nébuleuse pour un système de célébration de la position d'organisation de la Voie lactée...". La question des univers insulaires par rapport à la Voie lactée est restée sans réponse jusqu'au milieu des années 1920, lorsque Edwin Hubble a découvert la distance de la nébuleuse d'Andromède, apportant ainsi une preuve irréfutable en faveur de la théorie de l'univers insulaire.

Dans la mesure où il existait une vision consensuelle du monde dominant du premier vingtième siècle, elle favorisait marginalement l'idée qu'il n'y avait rien au-delà des contraintes de la Voie lactée. Sur la base d'observations et d'évaluations statistiques, d'éminents astronomes comme Seeliger, Schwarzschild et le Néerlandais Jacobus Kapteyn ont proposé des versions de la Voie lactée conçues comme un énorme conglomérat non uniforme de célébrités. Leurs versions du monde avaient en commun d'envisager la Voie lactée comme un disque ellipsoïdal de quelques dizaines de milliers d'années-lumière.

L'expansion du cosmos

L'effondrement de ce paradigme de l'univers statique est dû à l'interaction complexe de deux approches très différentes, l'une pragmatique et l'autre théorique. À la fin des années 1920, Hubble s'est penché sur la question des décalages vers le rouge des nébuleuses extragalactiques et sur le lien supposé entre le décalage vers le rouge et la distance. S'appuyant largement sur les décalages vers le rouge découverts auparavant par Slipher, il a expliqué dans un journal important de 1929 qu'ils variaient presque linéairement avec les distances des galaxies - une relation exprimée par v=cz =Hr.

Hubble n'a pas vraiment quantifié les vitesses de récession v, connues sous le nom de "vitesses évidentes", c'est-à-dire les décalages vers le rouge qui peuvent être commodément transformés en vitesses au moyen de la formule de Doppler. Dans son article de 1929, il indique vaguement que les changements spectraux peuvent être traduits par rapport à la version cosmologique de de Sitter, mais son attitude générale est censée se tenir à l'écart des interprétations et continuer à encoder des données. Pour la constante H, finalement appelée constante ou paramètre de Hubble, il a également obtenu une valeur d'environ 500 km/s/Mpc (1 Mpc = 1 méga par sec ~ = 3,26 millions de décennies-lumière). Alors que les termes linéaires de 1929 n'étaient pas particulièrement convaincants, de nouvelles dimensions considérablement améliorées deux décennies plus tard, publiées aujourd'hui avec son assistant Milton Humason, ne laissaient aucun doute sur la réalité de la relation entre le décalage vers le rouge et l'espace.

Il est important de comprendre que Hubble n'a pas conclu, ni en 1929 ni dans les livres suivants, que le monde était en état de croissance. En empiriste prudent, Hubble s'en est tenu à ses informations et s'est abstenu de les traduire manifestement comme des preuves de l'expansion du monde. D'autres astronomes et physiciens n'ont pas non plus commencé à considérer les termes de Hubble comme des preuves observationnelles de l'expansion du monde. Il a fallu plus d'observations pour que l'ensemble de la vision statique du monde évolue vers un monde en expansion. Ce changement s'est produit au cours de la première partie de l'année 1930, lorsqu'on s'est rendu compte que l'observation et la théorie suggéraient fortement que le monde statique n'était plus tenable.

Inconnue de Hubble et de beaucoup d'autres Dans le milieu scientifique, la possibilité d'un monde en expansion a été inventée par des théoriciens, en premier lieu par le physicien russe Alexander Friedmann dans un article paru dans Zeitschrift für Physik en 1922. Dans son étude systématique des équations du champ cosmologique d'Einstein, Friedmann a révélé que les solutions d'Einstein et de de Sitter épuisaient toutes les possibilités de versions statiques du monde. Plus précisément, pour les versions fermées, elle a trouvé un certain nombre de solutions vivantes pour lesquelles la courbure de l'espace dépend du temps, $R(t)$. Ces solutions comprenaient un parcours où le monde commençait à $R=0$ $t=0$ et s'étendait ensuite de manière monotone. Une autre de ces réponses à ce que Friedmann a appelé la focalisation dans un monde cyclique, commençant à l'arrivée de Rand, suivant passé

=Rmax à R=0. Il a examiné des modèles de monde à la fois avec et sans une constante cosmologique, et aussi dans un article compagnon de 1924, il a étendu son enquête en examinant des modèles ouverts supplémentaires utilisant une courbure de distance négative.

Les équations de Friedmann clarifiaient toutes les versions potentielles du monde vivant satisfaisant le principe cosmologique, c'est-à-dire supposant que le monde devienne homogène et isotrope à grande échelle. Mais, bien que le théoricien russe ait manifestement reconnu la signification des versions dynamiques du monde, l'accent du travail était mis sur les aspects mathématiques plutôt que sur les aspects sensoriels et physiques. Il n'a pas mis en évidence les solutions d'élargissement ni affirmé que le monde que nous voyons est en réalité en pleine croissance. Il n'a pas non plus consulté les informations astronomiques telles que les décalages galactiques de Slipher. Le caractère mathématique et le style du travail de Friedmann pourraient avoir été l'une des raisons pour lesquelles il n'a pas attiré l'attention, avant d'être redécouvert de nombreuses années plus tard. Les quelques physiciens qui avaient eu connaissance de son travail, comme Einstein, ne le considéraient pas comme un argument puissant contre le globe stationnaire. La fonction singulièrement significative de Friedmann illustre parfaitement ce que l'on appelle la prématurité dans la détection scientific.

Cinq ans après que le théoricien belge Georges Lemaître soit arrivé à la conclusion que le monde se développe conformément à la législation de la relativité générale, il n'avait pas eu connaissance des travaux antérieurs de Friedmann.

Inspiré par le besoin de trouver une réponse qui combine les avantages de la version d'Einstein du modèle de Sitter B, il a découvert en 1927 exactement les mêmes équations différentielles pour $R(t)$ que Friedmann avait imprimées auparavant. Si, d'un point de vue mathématique, le travail de Lemaître était assez similaire à celui de Friedmann, c'est du point de vue de l'astronomie et de la physique qu'il s'en distinguait de manière frappante. Fondé à la fois sur la physique et l'astronomie, Lemaître souhaitait trouver le remède qui adhère à ce seul et unique monde, par exemple expliqué par les informations astronomiques et aussi par les décalages vers le rouge des galaxies en particulier. Il a estimé que le meilleur modèle était celui d'un univers fermé se développant de façon monotone à partir de l'état d'Einstein statique dans un rayon d'environ 270 Mpc. Au fur et à mesure que la croissance se poursuivait, la densité de masse pouvait lentement diminuer et se rapprocher de l'état de Sitter vacant. Contrairement au journal de Friedmann, les décalages vers le rouge des galaxies étaient d'une importance capitale pour Lemaître, qui a précisé qu'ils devaient être considérés comme un impact cosmique de la croissance du monde. Les décalages vers le rouge étaient dus au fait que les galaxies étaient transportées en même temps que la distance augmentait, de telle sorte que "l'effet Doppler clair" exprimait l'augmentation entre la réception et l'émission de la lumière.

Le concept de Lemaître de 1927 est aujourd'hui connu comme un fondement de la cosmologie et le véritable fondement de ce monde en expansion, mais à l'époque, il n'a pas eu plus d'effet que les travaux précédents de Friedmann. C'est dire si Einstein (qui avait compris les fonctions des deux Friedmann et Lemaître), dans un billet de 1929 à l'Encyclopaedia Britannica, a préservé sa religion du monde statique. Tout au long de la théorie de la relativité, écrit-il, l'opinion selon laquelle le continuum est infini dans sa propre étendue temporelle, mais fini dans sa propre étendue spatiale, est devenue vraisemblable. Le monde en expansion est devenu un fait au printemps 1930, après qu'Eddington, de Sitter et d'autres astronomes importants eurent pris conscience du concept de Lemaître et compris à quel point il s'accordait bien avec la relation philosophique entre le décalage vers le rouge et l'espace de Hubble. Eddington a rapidement quitté le monde statique pour le remplacer par la version en expansion de Lemaître (que l'on appelle pour cette raison la "version Lemaître—Eddington"). Einstein a également accepté les alternatives vivantes de Friedmann et Lemaître, reconnaissant que dans un monde en expansion, la constante cosmologique n'était pas vitale. Il n'était pas satisfait de la constante qu'il avait introduite en 1917 et l'a abandonnée pour de bon.

À partir de 1935, le concept de ce monde en expansion a été approuvé par la plupart des astronomes et des physiciens, et a fait l'objet d'études approfondies dans la littérature scientifique. Il a été diffusé au grand public par le biais d'une série d'ouvrages de vulgarisation, notamment The Universe Universe de James Jeans (1930), An Overview of this Universe de James Crowther (1931), Kosmos de de Sitter (1932), ainsi que The Universe Universe d'Eddington (1933). Les deux manuels orientés vers le petit cercle des cosmologistes ont été beaucoup plus difficiles à lire, les principaux étant Relativity,

Thermodynamics and Cosmology de Tolman (1934) et Theorien der Kosmologie d'Otto Heckmann (1942).

L'approbation générale de ce monde en croissance parmi les principaux physiciens et astronomes ne s'est pas étendue à l'ensemble de la communauté scientifique. Une minorité substantielle a nié que le monde était en pleine croissance et a donc dû trouver d'autres explications aux décalages vers le rouge observés. Il y a eu plusieurs façons d'y parvenir sur la base d'une notion inactive et éternelle du monde. Certains scientifiques ont cru que les explications basées sur les décalages vers le rouge étaient dues à la mécanique gravitationnelle ou à l'idée de "lumière fatiguée", par exemple celle défendue de diverses manières par Fritz Zwicky, William MacMillan et Walther Nernst. Bien que ces explications de non-agrandissement se soient avérées relativement bien connues dans les années 1930, elles n'ont pas réussi à s'imposer malgré le monde inactif au détriment du nouveau paradigme d'agrandissement. Le courant dominant des astrophysiciens et des cosmologistes reconnut que la croissance était réelle, même si certains pensaient qu'elle n'était pas le résultat de la théorie générale de la relativité. De 1933 à 1948 environ, l'autre méthode cosmologique du physicien d'Oxford Edward A. Milne a attiré l'attention. Le cosmos de Milne était en expansion, mais n'était pas régi par les équations d'Einstein et ne fonctionnait pas avec l'idée de distance courbe. Après le décès de Milne en 1950, sa cosmologie selon la "relativité cinématique" a cessé d'attirer l'attention.

Comme le montre le modèle de Lemaître-Eddington, un monde en expansion constante ne doit pas nécessairement avoir une ère finie. Bien que Friedmann ait introduit la notion d'un monde d'âge fini ou même d'un "big bang" dans son travail de 1922, c'est à partir de 1931 qu'il a donné un sens corporel et réaliste à cette notion. Dans une courte lettre adressée à Nature le 9 mai de cette année, Lemaître a fait la proposition audacieuse que le monde était né exactement de ce qu'il a appelé une explosion arctique massive d'un "atome" primitif de densité atomique ($\rho \sim$ = 1015 g/cm3). Après la première explosion "avec un type de procédure super radioactive", le monde s'est étendu à un rythme féroce et a finalement évolué vers l'état actuel d'un monde en expansion ($\rho \sim$ = 10-30 g/cm3). Bien que la première communication de Lemaître ait été brève et uniquement qualitative, il l'a rapidement développée pour en faire un concept scientific adapté aux spécimens du field cosmologique, tel qu'une constante cosmologique positive. Dans le premier exposé complet de cette "théorie du big bang" (titre non inventé), il l'explique comme suit:"

Les premières phases de cette croissance ont consisté en une expansion rapide dépendant de la masse de l'atome primaire, presque égale à la masse actuelle du monde... La première expansion a réussi à permettre au rayon [de la distance] de transcender la valeur du rayon d'équilibre [de cette planète Einstein]. L'expansion s'est donc produite en trois étapes : un premier intervalle de croissance accélérée de l'univers-atome a été décomposé en célébrités atomiques, une période de ralentissement, suivie de près par une troisième phase de croissance rapide. C'est sans doute dans cette période que nous nous trouvons aujourd'hui.

La version de Lemaître de 1931 était une alternative aux équations de Friedmann, ce qui permettait d'envisager un grand nombre de versions du monde partageant la caractéristique de Rat t=0. Un modèle a été proposé conjointement par Einstein et de Sitter qui, en 1932, ont introduit le concept d'un univers flat, toujours en expansion, sans constante cosmologique.

La version d'Einstein—de Sitter appartenait au courant du "bigbang", parce que R0att=0mais c'était une caractéristique avec laquelle Einstein ni p Sitter n'étaient à l'aise, et qu'ils ont par conséquent empêchée. Comme la majorité des autres physiciens et astronomes, ils ne croyaient pas que la proposition de Lemaître soit un candidat raisonnable pour la croissance du cosmos.

La réponse générale à la notion de "big bang" dans un passé lointain était censée la rejeter ou la nier comme une spéculation après coup. Après tout, pourquoi y penser ? Si le monde avait été dans un pays extrêmement compact, sexy et radioactif, aurait-il pu laisser des traces qui auraient pu être exposées au diagnostic ?

Lemaître pensait qu'il existait réellement de tels fossiles dans le passé, et que ceux-ci étaient disponibles dans les rayons cosmiques ; cependant, sa proposition n'a pas reçu d'aide. Outre l'absence de preuves anecdotiques, la proposition d'un univers né d'une explosion radioactive a été considérée comme artificielle et conceptuellement étrange. Peu de cosmologistes des années 1930 étaient prêts à reconnaître que le "début du monde" était une question qui pouvait être traitée par les mathématiques. Bien que la plupart des cosmologistes aient souhaité éviter cette question, les versions de l'ère finie d'environ le même type que celle de Lemaître n'ont pas été totalement ignorées. Parmi les nombreux physiciens qui se sont intéressés à ces versions, citons Paul Dirac en Angleterre, Pascual Jordan en Allemagne et George Gamow aux États-Unis.

CHAPITRE SIX
L'ARCHÉOLOGIE NUCLÉAIRE ET L'UNIVERS

Le monde "fireworks" de Lemaître n'a jamais fait l'objet d'une attention particulière, mais après la Seconde Guerre mondiale, il a été restauré individuellement par le physicien américain d'origine russe George Gamow - un chef de file de la physique atomique - ainsi que par un petit groupe de collaborateurs. La stratégie de Gamow en matière de cosmologie de l'univers primitif diffère nettement de celle des chercheurs précédents, dans la mesure où elle est centrée sur la physique atomique et chimique, avec l'intention de décrire l'accumulation d'éléments peu après le "big bang" en $t = 0$. Ignorant les questions techniques de cette "invention" du monde, Gamow pensait que l'univers primitif devenait un creuset très chaud et rationalisé, un laboratoire exotique pour les calculs de la physique atomique. S'il calculait, sur la base de la physique atomique, la manière dont les composants ont été formés dans le premier brasier, et si les abondances calculées des composants correspondaient à celles observées dans le caractère, il aurait fourni des preuves puissantes en faveur de leur source "big bang" du monde. Ce programme de recherche global a été considéré par certains physiciens antérieurs - en particulier par Carl Friedrich von Weizsäcker lors d'un travail en 1939 - comme n'étant pas assez développé. L'objectif de ce que l'on a appelé "l'archéologie atomique" serait de reconstruire l'histoire de ce monde par le biais d'hypothétiques procédures atomiques cosmologiques ou stellaires, et de les examiner en analysant le modèle d'abondance des éléments qui en découle.

En 1946, Gamow publie son premier journal préliminaire, dans lequel il affirme que la question de la source de ces composants peut être résolue en combinant les formules de croissance relativistes avec les taux connus de réactions atomiques. Deux décennies plus tard, avec son assistant de recherche Ralph Alpher, il a présenté une variante très améliorée de cette "situation de big bang", qui partait d'une "soupe" islandaise de neutrons primordiaux. Devenus stériles, un certain nombre d'entre eux pourraient se désintégrer en protons et en électrons, et les protons s'uniraient aux neutrons pour former des deutérons, et enfin, grâce à la mécanique de capture des neutrons, des noyaux plus lourds. Les calculs effectués d'après ce film étaient rassurants dans la mesure où ils permettaient d'obtenir une courbe d'abondance nucléaire qui n'était peut-être pas tout à fait distincte de celle obtenue par observation. Plus ou moins indépendamment, Alpher et Gamow ont compris qu'à la température élevée nécessaire aux réactions nucléaires (environ 109 K), le rayonnement pouvait prédominer sur l'émission et continuer à le faire avant que le monde ne se soit refroidi à la suite de la croissance. Pour générer une image fiable du monde primitif, ils ont dû prendre en compte à la fois le rayonnement et la matière.

En 1948, avec Robert Herman, un autre partenaire de Gamow, Ralph Alpher a découvert que le rayonnement, à l'origine très sexy, s'était refroidi avec la croissance et se présentait désormais sous la forme d'un rayonnement de faible intensité d'une température d'environ 5 K. Ils ont soutenu que ce rayonnement de fond recouvrait l'ensemble de l'univers et qu'il devrait donc en principe être détectable en raison d'un faible fossile provenant de l'ancienne classe mondiale dominée par les rayonnements. Mais la superbe prévision d'Alpher et Herman concernant le rayonnement cosmique de fond n'a pas réussi à attirer l'attention des physiciens et des astronomes.20 Il faudra peut-être attendre encore dix-sept ans avant que le rayonnement de fond ne soit détecté, ce qui aura des conséquences remarquables pour le développement de la cosmologie.

Le programme d'étude mené en grande partie par Gamow, Alpher et Herman s'est concentré sur la création de noyaux atomiques plus lourds à partir du tout début de l'univers. Des calculs approfondis effectués dès le début des années 1950 ont abouti à une quantité d'hélium cosmique comprise entre 29 et 36 % (en poids), ce qui correspondait assez bien à la quantité d'hélium détectée dans le monde, qui n'était alors comprise que de manière très approximative. En revanche, Gamow et son équipe n'ont pas tenu compte des parties plus lourdes de numéro atomique Z 2, ce qui a été considéré comme un problème grave et comme une raison de rejeter ce concept. Une autre difficulté - que le concept de Gamow partageait avec de nombreuses autres versions de l'ère finie - était qu'il aboutissait à une échelle temporelle trop brève. L'ère du monde par rapport au temps de Hubble (l'inverse de la constante de Hubble($T=1/H$) suit un certain modèle cosmologique - dans le cas de cette version d'Einstein-deSitter, étant $\tau=2T/3$. Puisque des dimensions astronomiques apparemment fiables indiquaient $T\sim$ = deux milliards d'années, cela signifiait que le monde était plus jeune que la Terre ! (La difficulté a disparu au milieu des années 1950 lorsqu'il a été révélé que H est beaucoup plus compacte qu'on ne le pensait auparavant).

L'admiration minimale de la version "hot huge bang" de Gamow dans les années 1950 est illustrée par la perspective de trois éminents physiciens britanniques qui, en 1956, ont raisonné sur le concept :

Actuellement, ce concept ne peut être considéré comme une théorie audacieuse.21 En réalité, à l'époque, le concept s'était arrêté. Une douzaine de physiciens (mais aucun astronome !) ont participé à la création du concept de Gamow après 1948, mais quelques années plus tard, l'intérêt a considérablement diminué. Entre 1956 et 1964, un seul document d'étude a été consacré à ce qui, vers 1950, semblait être un programme d'analyse florissant. Les causes de ce manque de curiosité sont complexes et doivent être attribuées à des variables sociales et scientifiques. L'une des raisons est que le concept n'a pas été réfuté par les observations de manière immédiate, ce qui n'a pas été le cas. Les problèmes scientifiques auxquels a été confronté le concept de "big bang" de Gamow - un titre qui date d'environ 1950 - n'ont pas été la seule raison de ce déclin. La raison suivante était qu'il avait été largement considéré comme un concept du développement de ce monde - une théorie que de nombreux physiciens et astronomes considéraient comme en dehors du domaine des mathématiques, ainsi que comme pseudo scientific.

Il convient également de rappeler que, bien que la théorie de Gamow s'appuie sur la théorie générale de la relativité définitive (sous la forme des équations de Friedmann), elle ne la suit pas. Certaines versions relativistes, comme celle d'Einstein—de Sitter, commencent par utiliser une singularité - un "pays" où tout l'espace et toute la matière sont concentrés en un seul point. Cependant, l'idée d'une explosion nucléaire, signalée pour la première fois par Lemaître et détaillée par Gamow et Alpher, serait un élément international qui inclurait le concept de relativité générale, au lieu d'en faire partie. Cela peut aider à expliquer pourquoi plusieurs astronomes, qui ont été en faveur d'un monde de l'âge finite commençant par une singularité, ont été comparés à la situation du monde ancien de Gamow. Par exemple, le cosmologiste anglo-américain George McVittie était partisan d'un monde en développement relativiste du type Einstein-De Sitter, mais il a critiqué ces "auteurs ingénieux" qui avaient tissé des idées fantaisistes comme le "bigbang" sur les prédictions de la cosmologie relativiste générale.

Une controverse cosmologique

À l'époque où la cosmologie du "big bang" était un programme d'analyse quelque peu sévère, des versions similaires et relativistes ont été contestées par un concept du monde totalement différent, connu à l'origine sous le nom de concept de "création continue", mais qui allait bientôt devenir célèbre sous le nom de version de "l'état stable". Le message simple de cette théorie de l'état stable était que les caractéristiques à grande échelle de ce monde avaient toujours été, et seraient toujours, exactement les mêmes, ce qui indiquait qu'il n'y avait pas eu de début ni de conclusion cosmique. Mais contrairement aux perspectives cosmologiques précédentes, le nouveau concept acceptait la croissance du monde comme un fait observé.

Le concept d'état stable est né de discussions entre trois jeunes physiciens de Cambridge, Fred Hoyle, Hermann Bondi et Thomas Gold, qui étaient d'accord pour dire que la cosmologie évolutive conventionnelle selon les spécimens de champ d'Einstein était profondément décevante. Leur choix s'est traduit par deux variantes très différentes, l'une rédigée par Hoyle, l'autre par Bondi et Gold. Ces deux documents fondateurs ont été publiés à l'été 1948 dans les Monthly Notices of the Royal Astronomical Society. Bien que l'approche de Hoyle diffère grandement de celle de Bondi et Gold, les deux théories ont beaucoup en commun d'avoir été considérées comme deux variantes d'un même concept du monde. Les deux documents se caractérisent par des objections d'ordre philosophique à la cosmologie conventionnelle dépendant des équations de Friedmann. Par exemple, Hoyle estimait que ce qu'il appelait les concepts de "création dans le passé" s'éloignaient "de l'âme de la recherche scientifique", puisque la création ne pouvait pas être décrite de manière causale. Bondi et Gold se sont également opposés à l'absence d'unicité de ce concept relativiste conventionnel :

En relativité générale, il est possible d'obtenir un très large éventail de versions, et les contrastes [entre l'observation et la théorie] visent simplement à déterminer lequel de ces modèles correspond le mieux à la réalité. Le nombre de paramètres est beaucoup plus important que le nombre de points d'observation qu'il y a certainement un fit, et tous les paramètres ne peuvent pas être fixés.

Bondi et Gold ont suggéré d'étendre le principe cosmologique normal qu'ils ont appelé le grand principe cosmologique. Ce principe ou prémisse est resté la base déterminante de ce concept d'état stable, en particulier tel qu'il a été imaginé par Bondi et Gold, ainsi que par leurs disciples, comparativement peu nombreux. Il stipule que les caractéristiques à grande échelle de ce monde ne changent ni dans le temps ni dans l'espace. Selon Bondi et Gold, il s'agissait d'un postulat ou d'une hypothèse de base :

Nous respectons le principe parce qu'il est d'une importance si fondamentale que nous serons prêts, si nécessaire, à contrecarrer les extrapolations théoriques à partir des conséquences expérimentales si elles sont en contradiction avec le meilleur principe cosmologique, même si les concepts impliqués sont généralement acceptés".

Un individu peut argumenter pour votre meilleur principe cosmologique varie ou concernant les impacts qu'il a suggéré, mais peut-être pas le dériver dans d'autres lois physiologiques. Même s'il peut être soutenu par des observations, il ne peut donc pas être démontré par des observations. D'un autre côté, il pourrait être réfuté par les observations - en particulier si les impacts de ce principe étaient contredits par les observations. Ce qui pourrait sembler être un principe a priori, et qui a été accusé de l'être, n'était en fait pas de cette nature.

La croissance du monde contredit apparemment le grand principe cosmologique puisque la croissance suggère que la densité typique de la matière diminue avec le temps. Au lieu de reconnaître une contradiction, les théoriciens de l'état stationnaire ont conclu que la matière est toujours et abondamment créée à travers le monde et qu'à cette vitesse, elle compense l'amincissement provoqué par la croissance. Bondi et Gold ont révélé que le taux de production devait être de $3\rho H \approx 10\text{-}43$ g/s/m3, où ρ est la densité typique de la matière et H la constante de Hubble. Le faible taux de création rendait impossible la découverte du développement d'une nouvelle question par l'expérimentation directe, mais l'hypothèse n'avait pas de conséquences détectables. La nouvelle chose était susceptible d'être générée sous la forme d'électrons d'hydrogène, ou peut-être de neutrons ou d'électrons et de protons individuellement, mais ce n'est rien d'autre qu'une hypothèse raisonnable.

Le concept facile d'état stable du monde a conduit à de nombreuses prédictions définies et testables, ainsi qu'à trop d'impacts d'un caractère défini—des attentes comportementales de ce que les nouvelles observations pourraient être. Il s'ensuivit donc que non seulement la densité de matière devait rester stable, mais que la valeur definite de $\rho=3H2/8\pi G$ était l'attribut de densité critique de ce modèle d'Einstein—de Sitter de 1932. Alors que dans la version relativiste, cette densité suggère un ralentissement de la croissance, dans la version en régime permanent, elle correspond à une croissance de plus en plus forte. Conformément au concept, le paramètre dit de décélération - une quantité mesurable qui exprime la vitesse de ralentissement de la croissance - devrait avoir la valeur $q0 =-1$). Il y a eu plusieurs prévisions différentes, telles que l'âge des galaxies doit être distribué sur la base d'une loi statistique particulière. En d'autres termes, le concept d'état stable a donné lieu à des prédictions non ambiguës qui peuvent être comparées à des dimensions. Contrairement à ce cours des concepts du "big bang", il a été falsifiable.

Le concept proposé par Hoyle, Bondi et Gold a été contesté au début et largement considéré comme provocateur - non pas en raison de son hypothèse de génération spontanée de choses, en contradiction évidente avec la réglementation de la conservation. La réponse à ce concept était en partie fondée sur des observations, mais aussi, dans une certaine mesure, sur une compréhension de nature philosophique. Comme Bondi et Gold avaient avancé des arguments méthodologiques et épistémiques en faveur de ce nouveau concept, ses concurrents ont appliqué des arguments similaires. Au premier rang des critiques figurait Herbert Dingle, astrophysicien et philosophe des mathématiques, qui, depuis les années 1930, menait une croisade contre les cosmologies de type rationaliste, par exemple celle de Milne. Il estimait nécessaire d'effrayer la cosmologie de l'état stable, qu'il accusait d'être dogmatique et manifestement non scientifique. Dans un discours présidentiel exceptionnellement polémique prononcé en 1953 devant la Royal Astronomical Society, il a qualifié le tout nouveau modèle de cosmythologie - une fantaisie mathématique qui n'a aucun lien crédible avec les faits physiques :

Il est difficile pour tous ceux qui ne connaissent pas les mathématiques de ce sujet, et qui ont été éduqués à l'héritage scientific, d'accuser les principes de base des mathématiques d'être ouvertement outragés comme ils le sont ici. On est naturellement enclin à croire que la pensée de cette réponse continue a émergé d'une conversation mathématique basée sur un suivi scientific, qui, à tort ou à raison, est une déduction valide à partir de ce que nous comprenons. Il n'y a rien de tel, et il est essentiel que cela soit clairement connu. Il n'y a pas d'autre fondement que la fantaisie de quelques mathématiciens qui croient qu'il serait bien que le monde entier soit créé ainsi.

Dingle jugeait le meilleur principe cosmologique totalement inadapté - pour fonctionner comme ad hoc et a priori. Selon lui, le principe avait exactement le même caractère douteux que les orbites totalement circulaires et les cieux immuables de la cosmologie aristotélicienne. Il ne s'agissait que d'hypothèses, mais d'éléments fondamentaux de la conception qui dominait la cosmologie antique et médiévale, et qui étaient donc inviolables dans le cadre de leur paradigme. Dingle soutient que le grand principe cosmologique a une position identique.

Malgré des désaccords fondamentaux, les deux parties de l'argument cosmologique ont convenu qu'en fin de compte, la question devait dépendre de l'observation plutôt que d'un débat philosophique. Bondi, qui avait été fortement motivé par la doctrine mathématique falsificationniste de Karl Popper, a annoncé que le concept d'état stationnaire devrait être abandonné au cas où les observations contrediraient l'une de ses propres prédictions. Mais d'autres théoriciens de l'état stationnaire ont également souligné que dans presque tous les conflits entre la théorie et l'observation, le contrôle était susceptible d'être considéré comme fautif parce que c'était le concept. Un certain nombre d'évaluations, certaines directes et d'autres indirectes, ont été utilisées dans la controverse entre la version de l'état stationnaire et les versions de l'évolution relativiste. L'une des plus importantes était (I) la formation des récifs, (ii) la nucléosynthèse, (iii) la connexion redshift-dimension, (iv) les comptages radio-astronomiques, (v) l'approvisionnement des quasars, et (vi) le fond diffus cosmologique.

Il a été convenu que tout concept cosmologique acceptable devrait être capable de décrire la production et la formation des galaxies - une difficulté difficile qui a été abordée de diverses manières par les deux théories rivales. Après de nombreuses interprétations théoriques, le scénario est resté indécis au point que l'on s'est rendu compte que la difficulté était trop compliquée pour justifier une décision definite en ce qui concerne les deux conceptions rivales de la planète. En d'autres termes, la formation des galaxies n'a pas fonctionné comme prévu. Il en a été de même pour la question de la nucléosynthèse, dans laquelle les théories du "big bang" peuvent expliquer la création de l'hélium, mais pas celle de composants plus lourds. Comme l'indique le concept d'état stable, tous les composants doivent être le produit de réactions nucléaires à l'intérieur des étoiles. La première explication décente du type est apparue dans un concept très ambitieux et complet publié en 1957 par Fred Hoyle en coopération avec William Fowler, Margaret Burbidge et Geoffrey Burbidge. Le concept dit B2HF a constitué une étape importante dans la nucléosynthèse stellaire, même si la quantité d'hélium et de deutérium prédite était faible. Dès le début des années 1960, l'opinion générale était que la nucléosynthèse ne pouvait pas encore être utilisée pour différencier les deux théories cosmologiques.

Un test plus prometteur et comparativement plus simple semble découler de la version du taux de récession des galaxies utilisant leurs distances, où la décélération continue et la courbure de l'espace peuvent être déduites. Les cosmologies développées à certaines époques prédisaient que la vitesse de récession était disproportionnellement plus élevée pour les galaxies éloignées (âgées), comme le stipule la version de l'état stable, la vitesse croîtrait directement de manière proportionnelle à cet espace. Comme indiqué précédemment, le paramètre de décélération de ce concept d'état stable était aussi faible que $q_0 = -1$, ce qui le distinguait dans de nombreux modèles d'évolution dépendant des équations de Friedmann. Les données fournies par Humason et Allan Sandage à l'Observatoire du Mont Wilson signalaient une croissance ralentie, correspondant à une valeur de q_0

sensiblement supérieure à -1). Ces données étaient basées sur la perspective évolutionniste, mais les statistiques n'étaient pas suffisamment sûres pour constituer une évaluation essentielle, sauf pour les scientifiques (par exemple, Sandage) déjà convaincus de l'existence de la cosmologie du "big bang". Bien que Sandage et la majorité des autres astronomes pensaient que les observations sur la taille des décalages vers le rouge discutaient du choix de l'état stable, la prétendue réfutation n'était pas assez évidente pour convaincre les gens en faveur de ce concept.

L'obstacle le plus sérieux à la cosmologie de l'état stationnaire est apparu dans la science de la radioastronomie. Martin Ryle de l'université de Cambridge, pionnier de cette nouvelle science, est rapidement devenu un opposant actif à cette théorie de l'état stationnaire qui, selon lui, a été écartée grâce à des informations provenant de ressources radio démontrant leur approvisionnement en termes d'intensité. Le groupe de Ryle a découvert un approvisionnement qui a fait surface flatly en même temps que la prévision de la cosmologie de l'état stable, mais peut être adapté par le cours des concepts de " big bang ". Il a donc conclu qu'"il n'y a aucune manière d'expliquer les observations par un concept d'état stable". Bien que cette décision contre la conférence Halley de Ryle en 1955 se soit avérée précoce - que les informations n'étaient pas aussi excellentes que Ryle le croyait - les statistiques améliorées de 1961 se sont opposées au concept cosmologique de Hoyle et de ses alliés. L'évaluation radio-astronomique a été approuvée par la grande majorité des astronomes depuis le renversement final de la cosmologie de l'état stable. Mais, bien que le consensus radio-astronomique ait considérablement réduit le concept, il n'était possible de le maintenir en vie qu'en introduisant des modifications appropriées, ce que Hoyle et quelques autres protagonistes de l'état stationnaire ont fait. Indépendamment de la bonne base des nouvelles informations de Ryle, aucun de ces cosmologistes de l'état stationnaire n'a admis qu'elles représentaient une réfutation du concept, et aucun d'entre eux n'a adopté la perspective de la cosmologie évolutionniste en raison du verdict prononcé contre la tradition radiophonique.

Les micro-ondes dans le paradis

Le concept d'état stable de ce monde a reçu son coup de grâce en 1965 avec la découverte d'un fond diffus cosmologique du type de celui qu'Alpher et Herman avaient appelé en 1948. Apparemment inconscient des prévisions antérieures, le physicien de Princeton Robert Dicke est arrivé en 1964 à soupçonner l'apparition du rayonnement froid du corps noir d'être une péripétie dans un plongeon cosmique où un monde antérieur, après avoir enduré un "big crunch", renaissait en un "big bang". Au début de 1965, James Peebles, également ancien élève de Dicke, a calculé que la température de ce rayonnement était d'environ 10 K, et des préparatifs ont été mis en place à Princeton pour évaluer le rayonnement. Cependant, avant d'en arriver là, ils ont entendu parler d'expériences réalisées par deux physiciens des Laboratoires Bell. En utilisant un radiomètre conçu pour la radioastronomie, Arno Penzias et Robert Wilson ont découvert une température d'antenne de 7,5 K, alors qu'elle n'aurait dû être que de 3,3 K. Ils n'ont pas été en mesure de décrire la raison principale de cet écart et ont réalisé que la température excédentaire - qu'ils avaient qualifiée de "sonore" - était clairement d'origine cosmologique lorsqu'ils ont regardé une préimpression de la fonction de Peebles.

La découverte du rayonnement de fond cosmologique, récompensée par le prix Nobel, s'est faite de manière fortuite, car les expériences Penzias-Wilson n'avaient pas pour but de trouver un rayonnement de signification cosmologique plutôt que d'être traduites comme telles à l'origine. Il est également à noter que la découverte et la découverte ont été produites

par des physiciens. Aucun des découvreurs de ce fond diffus
- peut-être la découverte la plus importante de la cosmologie
contemporaine - n'était un astronome ou un expert en
astrophysique. Même les physiciens de Bell et de Princeton
ont publié leur travail dans le numéro de juillet 1965 de
l'Astrophysical Journal, rapportant la détection et la découverte
d'un rayonnement fossile dans le "big bang". Même si Penzias et
Wilson viennent de déclarer leur découverte de la fièvre exess
à la longueur d'onde de 7,3 cm, le groupe de Princeton (Dicke,
Peebles, Peter Roll, ainsi que David Wilkinson) en a exposé les
conséquences cosmologiques. Aucun de ces journaux n'a cité les
fonctions antérieures d'Alpher et Herman.

L'interprétation "big bang" du célèbre rayonnement de fond
de 7,3 cm a été immédiatement approuvée par la plupart des
astronomes et des physiciens, qui l'ont accueillie comme la
preuve finale que le monde était devenu un événement volatile
il y a 10 milliards d'années. Si la surveillance de Penzias et
Wilson était interprétée de cette manière, le rayonnement
devait devenir distribué par le corps noir, la démonstration de
cette distribution étant clairement requise sur une longueur
d'onde. L'extension à d'autres longueurs d'onde a pris un certain
temps, mais dès le début des années 1970, il n'y avait plus aucun
doute sur le fait qu'il s'agissait en fait d'un rayonnement de
corps noir à une température d'environ 2,7 K. L'importance
de cette découverte de 1965 était d'abord, firmement, qu'elle
apportait un soutien puissant à l'image du "big bang" et qu'elle
excluait d'autres perspectives sur le monde. Même si le bruit de
fond des micro-ondes découlait des prémisses du "big bang", il
ne pouvait être reproduit qu'à partir de la cosmologie de l'état

stable, en introduisant d'autres hypothèses de caractère ad hoc. Cette stratégie a été suivie de près par Hoyle, Jayant Narlikar et quelques autres personnes, mais elle n'a pas laissé d'impression à la grande majorité des astronomes et des physiciens, qui l'ont jugée plutôt artificielle qu'inutile.

Le bruit de fond des micro-ondes a également apporté un soutien direct à la théorie du "big bang" en contribuant à l'amélioration des calculs relatifs à la création primordiale d'hélium 4 et d'autres espèces atomiques très douces comme l'hélium 3 et le deutérium. Par exemple, en 1966, Peebles a calculé que l'abondance de l'hélium sur la prémisse d'une température de rayonnement de 3% et est venu dans 26—28 pour cent de l'hélium, basé sur la valeur de la densité actuelle de la chose. Le résultat a été obtenu grâce à des observations que Peebles a choisies pour confirmer cette version sexy du "big bang". Le travail réalisé sur la création primordiale d'hélium 4 ne s'est pas contenté d'étayer solidement son "big bang", il a également permis de déterminer la densité de matière du monde. En raison de l'abondance cosmique du deutérium, ce n'est qu'avec le lancement en 1972 du satellite Copernicus qu'il a été possible de déterminer la quantité de $D/H \sim = 1,4 \times 10-5$. C'est ainsi que les astrophysiciens américains John Rogerson et Donald York ont développé une valeur de cette densité de matière normale (baryonique) qui signalait une classe mondiale ouverte et en constante expansion.

La densité réduite de la matière baryonique indiquait la présence de quantités considérables de "matière noire" dans le monde - une notion qui existait depuis un certain temps, également dans le type de "célébrités sombres" pourrait être vu dès la prochaine moitié du vingtième siècle.27 Tout en analysant les amas galactiques que l'astronome coréen-américain Fritz Zwicky a raisonné en 1933 la gravitation de la matière observable était loin d'être suffisante pour maintenir les planètes ensemble. Il a supposé qu'il devrait y avoir de grandes quantités de matière non lumineuse ou sombre, ce qui pourrait augmenter la densité moyenne de la matière dans le monde à environ la signification cruciale - = $\rho/$ / ρcrit =1, correspondant à la distance devenant flat. Mais les désaccords flagrants de Zwicky n'ont guère été remarqués et, à partir des années 1970, Vera Rubin et beaucoup d'autres ont créé des preuves convaincantes que la plus grande partie des choses dans le monde doit exister sous une forme inconnue et peu lumineuse. De toute évidence, la découverte de la matière noire, assez différente de la matière normale composée d'électrons et de nucléons, a soulevé une nouvelle question : qu'est-ce que c'est ?

La confidence de la version chaude du "bigbang" qui est apparue à la fin des années 1960, principalement à la suite de l'étude du fond diffus cosmologique, ne signifiait pas que tous les problèmes clés de la cosmologie étaient résolus, loin s'en faut. Cela signifiait simplement que de nombreux spécialistes travaillaient désormais exactement dans le même paradigme et s'accordaient sur les principaux problèmes et la manière de les résoudre. Le concept de relativité générale est devenu un puissant domaine de recherche en mathématiques et en astrophysique à la même époque, et c'est dans le cadre de ce programme que le monde dans son ensemble a pu être clarifié, et peut être expliqué, au moyen des équations du champ cosmologique d'Einstein. Les modèles cosmologiques non conformes à la relativité générale ont continué à perdurer, et de nouveaux ont été proposés, mais en dehors du paradigme établi, ils n'ont eu qu'une importance marginale. Ce qui importait, c'était de choisir les paramètres cosmologiques dans les observations avec un niveau de précision tel qu'il permettait de choisir la meilleure réponse aux équations de ce champ. Cette meilleure réponse expliquerait alors une version cosmologique qui, selon toute vraisemblance, correspondrait au monde réel.

Comme l'ont constaté Sandage et d'autres cosmologistes observateurs, les paramètres applicables étaient d'abord la constante de Hubble et le paramètre de décélération, les deux étant des quantités qui peuvent en principe être dérivées des observations. L'objectif de ce programme d'étude a été résumé dans le nom d'un journal imprimé par Sandage en 1970 :

Cosmologie : une chasse à l'internet pour deux montants". Mais il a été plus difficile que prévu de trouver des valeurs non ambiguës pour les deux quantités. Les mesures étaient si divergentes qu'il n'a pas été possible d'affirmer avec certitude que la géométrie du monde était disponible et fermée.

L'ère de ce monde ne pourrait pas non plus être enfermée dans une valeur plus exacte que près de 10 milliards de décennies. De nombreux cosmologistes ont supposé que la constante était nulle (en d'autres termes, inexistante), mais leur point de vue était fondé sur des goûts philosophiques et des observations. Au cours de cette période, une constante cosmologique non nulle et probablement positive est restée une chance. En l'absence de conseils observationnels firsmés, de nombreux cosmologistes ont choisi la version flat Einstein—de Sitter - non pas parce qu'elle avait été confirmée par la surveillance, mais parce qu'elle était facile et n'était pas exclue par les observations. Il s'agit finalement d'une version de compromis et non d'une version de concordance.

Le changement que la cosmologie a connu dans la foulée de ce milieu des années 1960 s'est manifesté non seulement de manière progressive, mais aussi sur le plan social. Auparavant, la cosmologie en tant que domaine scientific n'existait que rarement, même si elle existait en tant qu'action scientific poursuivie à temps partiel avec un nombre limité de physiciens et d'astronomes qui ne se considéraient pas comme des "cosmologistes". Le nombre de manuels a été assez faible, et leur approche et leur contenu ont été très variés : Relativité, thermodynamique et cosmologie de Tolman (1934), Cosmologie de Bondi (1952), Relativité générale et cosmologie de McVittie (1956), etc. Les décennies qui ont suivi la découverte du fond diffus ont été marquées par une intégration croissante de la cosmologie dans les départements universitaires, et les cours, les congrès et les manuels sont devenus beaucoup plus fréquents qu'auparavant. Pour la première fois, les élèves ont reçu une éducation cosmologique régulière et ont été intégrés dans une tradition d'étude utilisant un héritage et des objectifs communs.

Le nombre d'élèves a augmenté, les relations entre physiciens et astronomes se sont renforcées et de nouveaux chercheurs sont apparus pour définir le contexte et le contenu de la science du monde. Alors qu'au cours des décennies précédentes, la cosmologie avait été caractérisée par des divergences fédérales, celles-ci ont pour la plupart disparu. Au départ, la cosmologie du "big bang" était un concept américain, le concept de l'état stationnaire appartenait aux Britanniques et les Russes avaient hésité à entrer dans la cosmologie de quelque manière que ce soit. Le domaine est devenu véritablement mondial - ou à peu près. Il n'était plus possible de déterminer la viabilité d'un écrivain en fonction du concept cosmologique qu'il recommandait. Par exemple, le type d'étude cosmologique réalisée par le physicien russe Igor Zeldovich et son collège était fondé sur le nouveau concept de référence du "big bang" et ne différait pas de l'étude réalisée par ses collègues britanniques et américains. En Chine, sous la révolution culturelle, la cosmologie du "big bang" a été considérée comme idéologiquement suspecte dans les années 1970 et a été supprimée pour des raisons politiques, ce qui a été le cas en particulier pour les versions spatialement fermées.

Le changement - certains diraient la révolution - s'est également manifesté par une croissance rapide et continue des livres traitant de questions cosmologiques.31 Alors que le nombre annuel d'articles scientifiques sur la cosmologie était d'environ la moitié pendant la période 1950-1962, entre 1962 et 1972, il est passé de 15 à 250. Autre méthode d'expression de la croissance, le nombre annuel de journaux sur la cosmologie a augmenté à un taux moyen de 6,4 journaux entre 1955 et 1967, tandis qu'entre 1968 et 1980, la vitesse a été de 21 journaux supplémentaires chaque année. À partir de 1980, le nombre total de journaux était d'environ 330. Cependant, comparée à d'autres domaines de l'astronomie et de la physique, la cosmologie est restée une science petite et peu structurée, divisée entre les deux grandes sciences que sont l'astronomie et la physique. Par exemple, il n'existait pas de sociétés scientifiques de cosmologie, ni de revues spécialement consacrées à la recherche cosmologique ou portant le titre "cosmologie" dans leur nom. La quantité croissante de journaux sur la cosmologie a été imprimée dans les revues conventionnelles d'astronomie, de physique et d'astrophysique. La majorité des journaux critiques des années 1960 aux années 1980 ont été publiés dans Physical Review, Nature, Science, The Astrophysical Journal, Monthly Notices of the Royal Astronomical Journal, ainsi que dans Astronomy and Astrophysics.

Les trois premières secondes

Une grande partie des travaux dans le nouveau cadre de la cosmologie du "big bang" s'est préoccupée du monde primitif, que les physiciens devaient décrire en ce qui concerne la physique fondamentale des particules et des atomes. D'une certaine manière, il s'agit d'une continuation de la stratégie adoptée bien plus tôt par Gamow et ses partenaires, mais au début des années 1950, si cette fonction s'est produite, la physique des particules s'est radicalement transformée. Les progrès de la physique des hautes énergies offraient de nouvelles possibilités de démontrer les relations intimes entre la physique des particules et la cosmologie, deux domaines des mathématiques qui étaient entrés dans une relation plus hiérarchique. Le mariage a été clarifié à un degré populaire par l'éminent théoricien des particules Steven Weinberg dans son propre best-seller The First Three Minutes (1977), où il décrit la façon dont le monde est apparu peu après le "big bang".

Le tout nouveau domaine de la "cosmologie des particules" est devenu le terrain de jeu d'experts en concept de haute énergie qui, le plus souvent, avaient une formation en astronomie. En 1984, plus de deux cents scientifiques - dont beaucoup de jeunes physiciens des particules et astrophysiciens - se sont réunis lors d'un séminaire sur "l'espace intérieur, l'espace extérieur" au Fermi National Accelerator Laboratory (Fermilab) à Chicago. Les organisateurs de ce séminaire ont parlé de cette nouvelle révolution où la physique des particules prétendait révéler certains des mystères les plus étranges du monde, et aussi, disaient-ils, "offrir la perspective d'élucider l'arrière-plan du monde en remontant jusqu'à des moments aussi anciens, voire plus précoces". En outre :

Bien que la première histoire du monde commence à peine à être prise en considération, les implications radicales possibles sont extrêmement évidentes. Il se pourrait bien que nous soyons sur le point de connaître la plupart, voire tous les détails cosmologiques laissés en suspens par la cosmologie conventionnelle. Au minimum, il est maintenant évident que les réponses à quelques-unes des questions les plus pressantes se trouvent dans les premiers instants du monde.

Dix ans après la Convention du Fermilab, la symbiose entre la physique des particules et la cosmologie s'est révélée à la base d'un nouvel agenda, Astroparticle Physics, orienté spécifiquement vers l'analyse du fossé entre l'astrophysique, la cosmologie et la physique des particules élémentaires.

Un résultat ancien et remarquable de ce nouveau programme d'étude en cosmologie des particules est lié à la quantité d'espèces de neutrinos. Au milieu des années 1970, deux types de neutrinos ont été découverts : le neutrino électronique et le neutrino muonique. Il pourrait y avoir des espèces de neutrinos, mais les expériences n'en ont pas révélé la quantité. En 1977, trois physiciens des particules - Schramm, Steigman et James Gunn - ont utilisé des informations et des théories cosmologiques pour affirmer que le nombre d'espèces de neutrinos ne pouvait pas être supérieur à 6 et que, suite à des calculs révisés, il n'y avait pas de limite à trois. Cette prévision, basée uniquement sur des arguments cosmologiques, a été confirmée en 1993 lorsque les résultats obtenus au CERN, le centre européen de physique des hautes énergies, ont également suggéré qu'il existait trois variétés de neutrinos, et plus encore.

La cosmologie des particules a donné lieu à de nombreuses réussites de ce type. En outre, les progrès de la physique des hautes performances ont permis de comprendre partiellement quelques-unes des anciennes énigmes de la cosmologie : en particulier, l'univers est constitué de choses contenant des traces mineures d'antimatière. Depuis que Paul Dirac a prédit l'existence de l'antimatière (positrons et antinucléons) au début des années 1930, cette sorte d'exotisme a occupé un marché dans la pensée cosmologique. Les antinucléons étaient censés être abondants en tant que nucléons dès les premiers instants de l'univers, et presque tous pouvaient se transformer en photons avant que le monde n'ait atteint une dimension telle que l'annihilation deviendrait peu fréquente. Le résultat est une annihilation presque absolue des choses, en contradiction évidente avec la surveillance. On pourrait expliquer le problème en imaginant un léger excès de matière par rapport à l'antimatière dans l'univers primitif, mais cela ne ferait que repousser l'asymétrie dans l'état initial du monde, et ne constituerait donc pas une véritable explication. D'autres discussions sur l'antimatière dans un contexte cosmologique supposent la présence d'un "anticosmos" à côté de notre cosmos. Depuis que le physicien atomique Maurice Goldhaber a théorisé en 1956 :

Faut-il supposer que les nucléons et les antinucléons ont été créés initialement par paires, de sorte que de nombreux nucléons et antinucléons se sont ensuite annihilés, que "notre" cosmos fait partie de ce monde où les nucléons l'ont emporté sur les antinucléons, conséquence d'une très grande fluctuation statistique, payée par un scénario inverse ailleurs.

Avec le développement, dans les années 1970, d'un nouveau groupe de concepts qui unifient les forces électromagnétiques, faibles et puissantes ("concept expansif unifié", ou GUT), il s'est avéré que ces spéculations visionnaires n'étaient pas inutiles. Les théories unifiées les plus récentes ne préservaient pas le nombre de nucléons (ou, plus communément, de baryons) et, sur cette base, il était possible de décrire le premier excès mineur de baryons par rapport aux antibaryons. Le principal impact des mathématiques des hautes énergies sur la cosmologie a été le début, vers 1980, de leur situation dite "inflationnaire" - une notion radicalement nouvelle de ce premier univers.

Avant le temps de Planck, le monde est supposé avoir été dominé par quelques lois encore inconnues de la gravité quantique, ce qui signifie que Pl marque le début réussi du concept cosmologique. D'après Guth, le monde a commencé dans un pays de "faux vide" qui s'est étendu à une vitesse incroyable pendant une période très courte (environ 10—30 s), puis s'est décomposé en un vide régulier rempli d'énergie qui était chaude. Malgré la brièveté de cette phase d'inflation, l'univers ancien s'est inflaté à partir de la date fantastique d'environ 1040. L'attrait de la notion d'inflation de Guth résidait principalement dans le fait qu'elle parvenait à décrire deux problèmes que la théorie traditionnelle du "big bang" n'abordait pas. La première est la question de l'horizon, c'est-à-dire la difficulté que des régions éloignées n'ont pas pu être en contact dès les premiers instants de l'univers, c'est-à-dire qu'elles n'ont pas pu communiquer au moyen de signaux lumineux. Pourquoi le monde est-il si uniforme ? Une autre difficulté, appelée la question de la flatness, concerne la première densité du monde, qui aurait dû être exceptionnellement proche de l'importance critique pour donner naissance au monde actuel. En l'espace de quelques années, la situation inflationnaire est devenue populaire et largement acceptée comme un élément de cette version consensuelle du monde. Depuis sa publication dans Physical Review en 1981, l'article pionnier de Guth sur l'inflation a été cité plus de 3 500 fois dans la littérature scientifique.

La première situation d'inflation s'est rapidement développée en plusieurs nouvelles variantes, dont certaines étaient "éternelles" ou "désordonnées", ce qui signifie qu'elles fonctionnaient avec une inflation donnant lieu à un grand nombre de sous-univers se reproduisant sans cesse. Malgré leur excellent pouvoir explicatif, les versions inflationnaires ont été considérées comme litigieuses par certains cosmologistes, qui se sont plaints qu'elles ne reposaient pas sur une physique analysée et qu'elles n'avaient aucune relation avec les notions de gravité quantique. En outre, d'autres critiques ont souligné qu'il n'y avait pas de concept d'inflation, mais un large éventail de versions inflationnaires comprenant de nombreuses formes qui, prises collectivement, pouvaient à peine être falsifiées par l'observation. Malgré ces objections et d'autres de nature scientifique et méthodologique, le paradigme de l'inflation a continué à prospérer et à rester le concept privilégié du premier univers. Jusqu'à présent, rien ne prouve que l'inflation ait réellement eu lieu.

Même si les physiciens des particules et les astrophysiciens étudient avec enthousiasme le monde le plus ancien, dans l'espoir de le comprendre jusqu'au temps de Planck, l'état futur du monde a rarement été un sujet d'intérêt scientifique. Après tout, comment comprendre exactement à quoi ressemblera le monde dans des trillions d'années ? Le passage de la chaleur discuté à la fin du XIXe siècle était-il la réponse idéale, ou la nouvelle cosmologie offrait-elle un potentiel plus prometteur ? Depuis que l'astrophysicien britannique Malcolm Longair a déclaré dans un discours en 1985 : "L'avenir de l'univers est un excellent sujet pour les spéculations d'après-dîner".36 Bien qu'il s'agisse certainement d'un point de vue partagé, à l'époque, plusieurs physiciens avaient participé à l'analyse de l'avenir lointain du monde, considérant que le domaine dépassait les simples spéculations d'après-dîner. Ce que l'on appelle l'"eschatologie corporelle" a débuté dans les années 1970 avec les travaux de Martin Rees, Jamal Islam, Freeman Dyson et quelques autres. La démarche de ces physiciens consistait à extrapoler l'état actuel du monde à long terme, en supposant de manière prudente que les lois de la physique actuellement connues resteraient valables. Le scénario le plus populaire dans cette catégorie d'étude était celui de l'instance ouverte, toujours en expansion, dans laquelle le film commence normalement par l'extinction des célébrités et leur transformation ultérieure en étoiles à neutrons ou en trous noirs. Même les chapitres suivants de l'histoire de ce monde - dans 1035 ans - peuvent impliquer des procédures hypothétiques telles que la désintégration des protons et l'évaporation des trous noirs.

Quelques-unes des recherches menées dans cet univers lointain ont consisté à spéculer sur la survie de la vie intelligente, qu'il s'agisse d'individus ou de pirates prétendument beaucoup plus intelligents (qui sont des robots autoreproducteurs au lieu de fondateurs de flesh et de circulation sanguine). Lors d'une conférence intitulée "Time Without End" en 1978, publiée l'année suivante dans Reviews of Modern Physics, Dyson a affirmé que dans un monde ouvert, la vie pourrait perdurer indéfiniment. D'autres physiciens ont repris cette spéculation scientifiquement avisée, qui a naturellement beaucoup plu au grand public, et qui a continué à être cultivée par une minorité d'astrophysiciens et de cosmologistes.

CHAPITRE SEPT
LE PARADIGME DU CDM

Les progrès de la cosmologie de la fin du XXe siècle ne se sont pas limités à l'utilisation de la physique atomique et de la physique des particules dans le monde antique. Au contraire, une grande partie des progrès a été réalisée par l'observation, grâce à une ingénierie innovante et à de nouvelles générations d'outils de haute précision. Les observations du rayonnement cosmique de fond se sont considérablement améliorées en qualité et en quantité avec le lancement en 1989 du satellite COBE, qui emporte des dispositifs spécialement conçus pour évaluer le rayonnement de fond sur un large éventail de longueurs d'onde. Les données du spectrophotomètre du satellite ont permis d'obtenir une image très complète de ce rayonnement, confirmant qu'il était simplement dispersé comme un rayonnement de corps noir avec une fièvre de 2,376 K.

En outre, quelques-uns des outils disponibles sur le satellite COBE ont mesuré des variations miniatures dans le degré du fond de micro-ondes à partir de diverses directions dans l'espace. Depuis l'époque de Penzias et Wilson, il était bien connu que le rayonnement présentait un haut niveau d'uniformité, mais il était admis qu'il ne pouvait pas être totalement uniforme, sinon la création de structures, aboutissant finalement à des galaxies et à des étoiles, n'aurait pas eu lieu. COBE a découvert exactement ce que l'on attendait : de faibles variations de densité ou de température dans le monde primitif, qui pourraient constituer les germes de la formation des galaxies. La variante de densité caractéristique est devenue $\rho//\rho \sim = 10-5$. Ce résultat était très important, pour plusieurs autres raisons, car il correspondait parfaitement aux prédictions basées sur la version d'inflation. Par conséquent, la situation inflationnaire a gagné en crédibilité et a été, sous une forme ou une autre, approuvée par de nombreux cosmologistes. En 2006, les principaux coordinateurs de ce vaste projet COBE, John Mather et George Smoot, se sont partagé le prix Nobel de mathématiques "pour leur découverte de ce type de corps noir et de l'anisotropie du rayonnement cosmique de fond". C'est la première fois - 105 ans après l'attribution du prix Nobel - que le prix est décerné pour des recherches supplémentaires.

Alors que la découverte des variations de densité au niveau du bureau des micro-ondes correspondait aux attentes théoriques, la découverte, quelques années plus tard, du rythme du monde a surpris la majorité des astronomes et des cosmologistes. Dès 1938, Fritz Zwicky et Walter Baade avaient suggéré d'utiliser les supernovae relativement peu fréquentes (plutôt que les variables céphéides conventionnelles) pour évaluer la croissance cosmique en fonction de la constante de Hubble et du paramètre de décélération. Mais un deuxième demi-siècle s'est écoulé avant que cette idée ne soit intégrée dans un programme d'étude à grande échelle, d'abord dans le cadre du Supernova Cosmology Project (SCP), puis avec l'équipe rivale High-z Supernova Research Team (HZT). Ces deux collaborations étaient mondiales, la première étant située aux États-Unis et la suivante en Australie. Les deux groupes ont analysé les décalages vers le rouge d'un type particulier de supernova, le type Ia, qui peut être observé à de grandes distances.

Bien que l'équipe du SCP ait initialement acquis des données qui indiquaient un monde de densité comparativement élevée sans fonction de la constante cosmologique, en 1998, les résultats obtenus par les deux équipes ont commencé à converger vers une image différente et surtout surprenante du monde.37 Une partie importante de ce nouveau point de vue consensuel établi pour le suivi était que le monde est dans un état d'immersion, en utilisant un paramètre de décélération q0 ~ respectivement—0,75. L'idée d'un monde en accélération a été émise plus tôt - la première fois en 1927, en même temps que la version en expansion de Lemaître - mais c'est la première fois que cette idée a bénéficié d'une forte assistance observationnelle.

De nombreux physiciens s'accordaient à dire que la puissance obscure était attribuée à la constante cosmologique, bien que d'autres interprétations aient été suggérées. On a compris pendant très longtemps que la constante cosmologique d'Einstein, traduite à propos de la mécanique quantique, comparait la distance vide à une contrainte négative, exprimée différemment, elle signifie une force répulsive qui fait exploser la distance. L'énergie liée à la constante cosmologique a la propriété remarquable que la densité de puissance (par opposition à l'électricité) est une quantité conservée. Cela suggère qu'au fur et à mesure que le monde se développe, la quantité totale d'énergie noire augmente et se contrôle de plus en plus. Le monde qui s'accélère est une classe mondiale qui s'emballe. Bien que cela ait été compris publiquement dès les années 1960, ce n'est que vers l'an 2000 que la virtualité de l'énergie noire est devenue un fait. Alors que de nombreux physiciens et astronomes l'observaient, la constante cosmologique a été "trouvée".

Avec le développement de cette nouvelle image du monde, la nature de la puissance obscure est devenue une priorité majeure de la physique fondamentale. Une autre considération connexe, d'une époque quelque peu ancienne, serait de comprendre le caractère de la chose sombre dont il a été prouvé qu'elle contrôlait la chose normale dans un rapport d'environ 5:1 (de l'émission = 0,28 ; une partie de 0,233 est due à la matière sombre, le reste 0,047 à l'émission normale). Vers 1990, il avait déjà été convenu que la majeure partie de cette mystérieuse matière noire était "froide", ce qui signifie qu'elle est composée de particules se déplaçant relativement graduellement, non identifiées par les expérimentateurs mais appelées par le concept physique. Les contaminants de la matière noire froide (CDM) ont été conjointement appelés WIMPs (weakly interacting substantial particles). De nombreuses particules hypothétiques de ce type sont proposées comme candidats à la matière noire, et quelques-unes sont beaucoup plus populaires que les autres, mais l'essence de cet élément de la matière noire reste non identifiée. La nouvelle image du monde, composée en grande partie d'énergie noire et de matière noire froide, est souvent connue sous le nom de version CDM ou peut-être de paradigme CDM.

Les cosmologistes et les astrophysiciens ont été enthousiasmés par les nouveaux développements qui promettaient un tout nouveau chapitre dans l'histoire de la cosmologie. Dans un article publié en 2003, le chef du projet SCP, Saul Perlmutter, a fait part de son enthousiasme :

> Nous vivons une époque étrange, peut-être le premier âge d'or de la cosmologie. Grâce aux progrès technologiques, nous avons commencé à créer des dimensions philosophiquement significatives. Toutes ces dimensions ont provoqué des chocs. Non seulement l'univers s'accélère, mais il semble être constitué principalement de matériaux mystérieux. . . Au cours de la décennie suivante, de nouvelles expériences, exploitant non seulement les supernovae lointaines, mais aussi le fond diffus cosmologique, l'effet de lentille gravitationnelle des galaxies, ainsi que d'autres observations cosmologiques, nous ont donné la possibilité de faire un pas de plus vers le moment "Aha ! chaque fois qu'un nouveau concept donne un sens à leurs récentes énigmes.

CHAPITRE HUIT
RACONTER L'HISTOIRE DE LA PHYSIQUE

Les débuts de tout ce qui pourrait être considéré comme un dossier connexe de cette science que l'on appelle aujourd'hui la physique pourraient être placés avec une grande certitude au début du 17ème siècle et également liés à l'excellent titre de Galilée. Il est évidemment vrai que d'innombrables faits isolés étaient connus depuis plusieurs siècles et qu'ils sont actuellement inclus dans les informations de l'ingénierie ; et de nombreux moyens et machines simples qui sont actuellement considérés comme des applications des principes physiques ont été inventés et utilisés. Même l'homme de l'Antiquité connaissait un certain nombre d'entre eux, pour son plus grand bénéfice. Cependant, à l'exception d'un cas majeur mentionné précédemment, il n'existait pas, au début du monde, de corpus de connaissances dans ce domaine que l'on puisse à juste titre qualifier de scientifique. À cet égard, la physique diffère des mathématiques, de l'astronomie, de l'histoire ou de la médecine, qui ont toutes commencé leur vie contemporaine avec un ensemble de connaissances scientifiques obtenues et mises en ordre avant la Renaissance. La cause de cette distinction est à rechercher dans le simple fait que le progrès de la physique dépend presque immédiatement de la technique d'expérimentation par opposition à la procédure de contrôle. Pour des raisons émotionnelles inconnues, la reconnaissance des possibilités de l'expérimentation en tant qu'instrument intellectuel et la capacité de générer l'utilisation de sa méthode semblent assez tard dans l'histoire de l'amélioration humaine.

Quelques personnes comme Archimède l'ont pratiquée et comprise, et il est difficile de savoir pourquoi la graine qu'ils ont semée s'est révélée stérile. Des inhibitions particulières, fréquentes (malgré des tempéraments très différents)} chez les Grecs, les Romains et aussi les hommes du Moyen Âge, semblent avoir empêché la maladie de se propager hors des foyers initiaux. Je n'ai aucune idée sur l'origine de l'élimination de ces inhibitions au cours des XVIe et XVIIe siècles ; cependant, quelle qu'en soit la raison, nous devons tous, je crois, réaliser qu'à peu près au même moment, une nouvelle variable a fait son apparition dans l'univers intellectuel, qui a vécu et s'est développée et a généré des résultats considérables. Un certain nombre d'entre vous seront sans doute prêts à remettre en question la nouveauté que j'ai attribuée aux approches utilisées par Galilée et ses successeurs. Vous pouvez dire avec raison que les hommes expérimentent depuis bien avant l'aube de l'histoire ; cela signifie qu'ils ont amélioré leurs armes à feu, leur nourriture, leurs vêtements, leurs abris et leurs moyens de transport, de sorte que l'avantage massif en matière d'environnement que le Romain de l'âge d'Auguste avait besoin par rapport à l'ancien habitant des cavernes pourrait être considéré à juste titre comme l'effet d'un très long chemin d'expérimentation innovante. Cependant, ce que j'ai appelé, pour faire la différence, la méthode expérimentale de la science est une entité très différente du lent progrès empirique des appareils et des outils qui a précédé le début de l'ère contemporaine. Les deux types d'actions diffèrent fondamentalement par les objectifs qu'elles tentent d'atteindre et par la manière dont elles les atteignent.

L'écart entre les objectifs est joliment illustré par un commentaire de Galilée au tout début de l'une des fonctions principales, le "Dialogue concernant deux sciences nouvelles". Il déclare avoir pensé que les ouvriers d'un magasin fantastique comme l'Arsenal de Venise devraient savoir beaucoup de choses qui sont d'un excellent soutien pour les philosophes, pour peu qu'on les persuade de les utiliser. En réalité, il prend les connaissances de ces ouvriers obtenues à partir de la procédure empirique dépassée et les applique à un but parce qu'elles n'ont pas été utilisées auparavant ; pour chercher, par exemple, quelque chose concernant les lois et les régularités qui régissent la force des substances et leur dépendance à l'égard des dimensions et du contour de l'article considéré. Les connaissances ainsi acquises peuvent être utiles ou non à cet ouvrier, mais elles sont d'une grande importance pour la Bible. Toute expérience scientifique a un but de ce type, c'est-à-dire que chaque expérience peut être correctement qualifiée d'expérience, qui comporte un élément d'imagination et d'expérience de l'inconnu et qui n'est pas une simple évaluation régulière à l'aide de techniques connues. Son objectif est beaucoup plus général que l'avancement d'un instrument ou d'un téléphone ; et en raison de sa généralité, il pourrait faire plus pour améliorer les outils et les procédures dans des domaines très divers de l'entreprise que des dizaines de milliers d'expériences du type plus ancien "couper et essayer" qui s'étendent sur plusieurs siècles. Le taux de croissance qui en découle est suffisamment évident dans le contexte industriel des cent dernières décennies. Sa poursuite est néanmoins conditionnée par le maintien de l'état d'esprit du philosophe de Galilée ; il peut jeter un coup d'œil du coin de l'œil sur les sous-produits de son travail, mais il ne doit pas en penser grand-chose pour garder clairement à l'esprit sa propre mission philosophique.

Comme indiqué précédemment, la procédure expérimentale contemporaine est différente de l'ancien empirisme, tant au niveau du processus que de l'objectif. La véritable expérience n'est qu'une partie de la procédure et n'arrive pas la première dans un délai très court avant de pouvoir commencer avantageusement, il faut une réflexion et une planification minutieuses qui impliquent souvent des mathématiques et des justifications déductives du type très ancien. Mais il n'y a pas de dangers et de principes artificiels dans ce sport, comme ceux que les Grecs aimaient faire passer dans les questions mathématiques. Tout type de logique (ou même l'absence de logique) est permis, car le dernier test sera l'expérimentation plutôt que la cohérence du débat ; il s'agira d'une évaluation de leurs hypothèses, au même titre que cette procédure de justification. Les meilleurs maîtres sont des individus qui utilisent des processus apparemment non logiques - des intuitions et des "pressentiments" qui sont peut-être les résultats d'une justification subconsciente à partir d'informations faiblement perçues. L'expérience elle-même est une observation réalisée dans des conditions hautement synthétiques et étroitement contrôlées, et c'est ce qui confère à la méthode son meilleur avantage par rapport à l'observation facile des phénomènes naturels. Les travaux de Galilée sur les principes fondamentaux des mécanismes et leur utilisation dans la situation spécifique du mouvement des corps en sont un bon exemple. Des siècles d'observation inévitable des corps en mouvement n'avaient pas permis de se faire une idée juste des lois simples qui sous-tendent leur comportement, car ces lois étaient obscurcies par les conséquences du frottement - une affection secondaire du problème.

Les expériences de Galilée consistaient à réduire ces effets avant de pouvoir détecter la nature légitime des phénomènes. La célèbre expérience de la tour penchée de Pise était une démonstration stupéfiante d'une seule étape de son concept visant à confondre ses détracteurs aristotéliciens ; cependant, les expériences très importantes et abondantes étaient plutôt simplement organisées avec le soutien de morceaux de fer, de pistes probables, de clous, de planches et de bouts de ficelle. C'est avec le matériel le plus simple qu'il a posé les fondements de la dynamique et, avec elle, tous ceux de la science réelle dans son ensemble. Lagrange estime que les contributions de Galilée aux mécanismes "ne lui ont pas apporté dans sa vie autant d'étoiles que les découvertes qu'il a faites sur la machine de la terre, mais elles sont aujourd'hui le domaine très durable et actuel de l'attrait de l'excellent homme". Les découvertes des satellites de Jupiter, des stades de Vénus, des zones solaires, etc., n'ont nécessité que des télescopes et de l'assiduité ; mais il fallait un génie exceptionnel pour démêler les lois du caractère dans les événements qui se produisent constamment sous nos yeux, indépendamment de l'excuse qui avait toujours échappé à la quête des philosophes".

Le monde était prêt pour la construction qui a été érigée sur les fondations posées par Galilée. Dans une autre génération, Torricelli, en Italie, et Pascal, en France, ont révélé, par des raisonnements et des expériences audacieux, que l'horreur du vide de la nature était due à la charge de l'air, tandis que Guericke, en Allemagne, et Boyle, en Angleterre, ont découvert d'autres aspects vitaux des gaz. Dans le domaine de la dynamique, c'est Christian Huygens d'Amsterdam, un philosophe pur de grande envergure et digne successeur de Galilée, qui a pris la tête de la série. Il a mis au point le concept du pendule et, à partir de son utilisation, a déterminé la vitesse de la gravité ; il a conçu et construit l'horloge à pendule et l'échappement, a trouvé les théorèmes de la force brute et a été le premier à utiliser ce que l'on appelle aujourd'hui le principe de la visa viva ou de la force cinétique. Ses recherches en optique sont également d'une importance capitale et il a été l'un des premiers à défendre la théorie ondulatoire de la lumière. Tenter de donner, en une petite partie d'un cours, un compte rendu décent de ces actions puissantes de Newton, c'est naturellement tenter l'impossible. Heureusement, les principaux attributs de ses réalisations sont si bien compris qu'une brève récapitulation est tout ce qu'il y a de plus essentiel. Produit en 1642, l'année de la mort de Galilée, son éclat s'est développé avec une rapidité extraordinaire. Il est apparemment certain que les sections essentielles de ses étonnantes découvertes ont été réalisées avant qu'il n'ait atteint l'âge de vingt-cinq ans, même si la quasi-totalité d'entre elles ont été imprimées bien plus tard. Ce retard est dû en partie au manque d'équipements pour les romans, mais surtout à la prudence de Newton dans l'affirmation et dans l'exercice de tous les impacts probables des hypothèses. Sa première grande découverte (réalisée l'année où il a obtenu sa licence à Cambridge) est celle des "procédures directes et inverses des fluxions", qui peuvent être en tout point identiques au calcul différentiel et intégral, mais en utilisant une notation moins appropriée et moins gratifiante.

Cette découverte est naturellement à la base des mathématiques, mais l'astronomie et la physique peuvent toutes deux la revendiquer comme leur appartenant en partie pour deux raisons : d'abord, parce que ce sont les exigences de leurs problèmes qui les ont amenées à la faire ; ensuite, parce qu'elle a été un instrument totalement in- dispensable pour les découvertes sensorielles et sensorielles de Newton et de ses successeurs. C'est exactement à la même époque (1665) que Newton "commença à penser que la gravité s'étendait à l'orbite de la lune" ; il découvrit bientôt, parmi les lois de Kepler, que les forces qui maintiennent les planètes sur leurs orbites varient inversement au carré de la distance qui les sépare de la lumière du soleil. Il appliqua cette règle à la terre et à la lune et découvrit qu'il existait un accord approximatif entre la force nécessaire pour maintenir la lune sur son orbite et la force de gravité à la surface de la planète. "Tout cela, dit Newton après sa vie, s'est passé pendant les deux années de peste de 1665 et 1666, car à cette époque, j'étais dans la fleur de l'âge pour l'innovation, et j'ai orienté les mathématiques et la philosophie plus que jamais. Au cours des vingt-cinq années qui ont précédé la publication des Principia en 1687, Newton, au milieu de différentes obligations et de recherches dans d'autres domaines, est revenu à plusieurs reprises sur les questions d'astronomie et de dynamique qui avaient retenu son attention. Ce n'est qu'au bout de dix ou huit ans qu'il a éclairci les problèmes de la force brute (les travaux antérieurs de Huygens lui étant alors inconnus) et qu'il a découvert que les deux législations restantes de Kepler étaient des répercussions de sa loi littéraire. Au cours des trois ou quatre décennies précédentes de l'intervalle considéré, il semble avoir travaillé à la maturation du sujet et avoir également découvert que le grand nombre de théorèmes et de connexions significatifs qui font des Principia le livre le plus minutieux et le plus imposant de l'histoire des mathématiques est une fiction.

Dans tout ce travail, vous trouverez trois flux de découvertes qui pourraient être divisés par une analyse logique, mais qui sont si étroitement mêlés qu'il n'est pas facile de déterminer comment l'un d'entre eux aurait pu aller de l'avant sans les deux autres. Personne n'a été en mesure de penser que Newton aurait pu étendre la dynamique galiléenne aux mouvements complexes des planètes à l'aide de la méthode des fluxions ou de son équivalent ; et rien n'aurait pu être réalisé sans la connaissance de la loi de la gravitation. D'autre part, l'alternative des questions astronomiques nécessitait et facilitait une formulation plus précise de ces mécanismes fondamentaux que Galilée n'était pas en mesure de fournir ; bien que mathématiquement compliquées, elles sont plus simples que les questions terrestres puisqu'il n'existe pas de forces de friction ou de dissipation considérables ; en outre, elles fournissent des évaluations et des vérifications des deux lois dynamiques d'une précision beaucoup plus grande que ce que l'on pourrait obtenir d'une autre manière. Dans ces conditions, il semble futile d'essayer de choisir si les mathématiques sont les plus redevables à Newton pour la formulation de ces lois du mouvement, pour la découverte de la loi des carrés inverses, ou même pour la création du calcul des flux. Un seul de ces trois éléments (bien qu'il ait pu être généré à lui seul) aurait pu rendre son nom immortel ; le simple fait que nous en devions trois à un seul individu le place au sommet d'une grandeur qui n'a jamais été approchée par un autre mathématicien. Je ne dois pas oublier non plus de mentionner les contributions de Newton aux panneaux d'affichage qui, bien qu'elles n'aient pas la pertinence fondamentale de celles dont nous avons parlé, méritaient d'être mentionnées par l'auteur. Je voudrais juste rappeler qu'il a fait des recherches sur la composition de la lumière blanche, les couleurs des couches minces, la diffraction, ainsi que les chances d'achromatisme dans les télescopes réfracteurs. Il n'était pas infaillible ; il a donc déterminé qu'il n'était pas possible de produire un réfracteur achromatique, et il a encouragé la théorie corpusculaire de la lumière à partir de la théorie ondulatoire de Huygens.

Dans les deux cas, mais les preuves accessibles à son époque soutenaient ardemment sa position et je pense que c'est, plutôt que le simple pouvoir de son titre, ce qui a permis à l'idée corpusculaire de prédominer tout au long du siècle suivant. A partir du vingtième siècle, l'évolution des mécanismes et de la théorie de l'atmosphère a été poursuivie par Bernoullis, Euler, Clairaut, d'Alembert et bien d'autres. Cette croissance a atteint son point culminant vers la fin du siècle avec la publication de la "Mécanique analytique" de Lagrange et de la "Mécanique céleste" des deux Laplace - des ouvrages qui, pour leur exhaustivité et leur conclusion, ont rarement ou jamais été surpassés. Cette période n'a pas été caractérisée par de nouvelles découvertes de première importance, mais par le travail minutieux de ces théories basées sur Galilée et Newton, ainsi que par la perfection des procédures mathématiques permettant de gérer des problèmes complexes. Il s'agit d'une préparation louable pour son excellente explosion de découvertes qui a commencé vers la fin du dix-neuvième siècle et qui s'est poursuivie de manière encore plus importante dès les premières décennies du Temple. Dans différentes branches de la physique et de la chimie, la terre était préparée d'une autre manière par l'accumulation de détails expérimentaux et de connexions qui constituaient la matière première pour les généralisations de cet intervalle qui devait émerger, et qui servaient également de points de départ pour des progrès notables. Il est donc nécessaire de revenir en arrière et de suivre brièvement la longueur de leurs affluents de découverte qui allaient bientôt se joindre au courant principal. Il faudra penser à ce que l'on a appris sur le magnétisme, l'énergie, la chaleur et la lumière. Les anciens connaissaient déjà la curieuse propriété qu'a la pierre de magnésie d'attirer le fer, et savaient qu'en frottant l'ambre, elle attirait des morceaux de paille ainsi que d'autres corps légers. Pendant des siècles, rien n'a filtré de cette compréhension, mais à une époque inconnue, avant les croisades, la terre de recherche du nord de l'aiguille magnétisée a été détectée en même temps que la boussole du marin a été mise à l'air libre pour la première fois.

La science du magnétisme est pratiquement le seul domaine de la physique qui ait progressé au cours du Moyen Âge. Dès le XIIIe siècle, Petrus Peregrinus de Picardie, expérimentant avec une pierre ronde et une aiguille, découvrit que la pierre possédait deux "bâtons" qui semblaient être le siège de leur énergie cinétique. Le véritable créateur de la science magnétique et électrique est néanmoins William Gilbert de Colchester, médecin de la reine Élisabeth. Vingt-quatre ans plus âgé que Galilée, Gilbert doit être considéré comme l'un des chefs de file de cette démarche expérimentale. Son travail n'avait pas l'ampleur et la profondeur que reconnaissait l'excellent Italien, ni ses implications si instantanées et si radicales ; il n'en était pas moins un expérimentateur vraiment scientifique et, même en pensant à l'époque dans laquelle il vivait, nous devons le respecter comme un prodige de créativité. Il a démontré de manière très convaincante que le comportement de la boussole était dû au simple fait que la terre était un excellent aimant. Pendant deux décennies, on a supposé que le cœur léger était capable de s'exciter par frottement pour attirer différents corps ; Gilbert a découvert que de nombreux corps pouvaient être ainsi excités et que parmi eux se trouvaient des matériaux courants comme le verre, le soufre et la résine. Son raisonnement était solide et il a inventé une théorie des "effluves électriques" qui a été utile à la science électrique pendant très longtemps. Tout au long du XXe siècle, la compréhension expérimentale de l'électricité et du magnétisme s'est rapidement améliorée. La conduction de cet état par des composés a été détectée par Stephen Gray ; la jarre de Leyden a été conçue pour la première fois ; du Fay a découvert qu'il existait deux autres états d'électrification qu'il a prédits vitreux et résineux et ceux-ci ont agi, par rapport aux appels et aux répulsions, comme les 2 pôles d'un aimant.

L'Amérique a apporté sa toute première contribution à la physique grâce au travail extrêmement important de Benjamin Franklin. Vers la fin de la période d'action, les doctrines des effluves électriques et des tourbillons cartésiens ont été remplacées par le concept selon lequel les forces détectées étaient dues à une activité à distance impliquant les coûts d'un fluide électrique et d'une chose (Franklin) ou à une activité similaire impliquant deux fluides (Coulomb). Finalement, la loi de la version de la force avec l'espace a été déterminée par Coulomb et découverte comme fonctionnant comme des termes inverses au carré familiers à Newton. La même législation a été révélée par Coulomb pour endurer les entraînements entre les bâtons magnétiques aussi ; et un deux ou trois, les fluides magnétiques ont dû être basés dans les comptes pour la variation dans la puissance des aimants. En vérité, l'utilisation du concept atmosphérique à de telles forces a laissé inévitable que le début de ces fluides impondérables pour sélectionner la zone des masses de substance qui jouent la fonction identique dans l'instance de la gravitation. J'ai déjà mentionné temporairement les expériences de Newton dans son adhésion à la théorie corpusculaire où il avait été suivi de près par la majorité des philosophes. Celle-ci introduisait l'"impondérable" suivant, qui était néanmoins censé inclure des corpuscules différents trop minuscules plutôt qu'un fluide constant. De nombreux phénomènes optiques importants ont été découverts. Descartes a publié les principes mathématiques de la réfraction, qui n'était pas sa propre découverte mais qui lui a été transmise par Snell de Leyden ; Newton a détecté et traduit correctement le caractère composite de la lumière blanche et a étudié les cas plus faciles de diffraction et de ce que l'on appelle actuellement l'entrave ; Huygens a détecté un double ré- pour cent dans l'étoile d'Islande et en a donné la justification (à propos du concept d'onde) qui est toujours d'actualité ; il a également remarqué que les deux faisceaux qui avaient traversé l'étoile différaient l'un de l'autre.et de la lumière normale de la manière étrange que nous indiquons en les appelant polarisés. Le temps manque pour presque toute discussion de ces arguments inventifs par les deux concepts rivaux de la lumière avaient été encouragés.

L'analyse quantitative de la chaleur commence avec la construction par Galilée de son tout premier thermomètre - un thermomètre à air d'une grande sensibilité mais d'une présentation peu pratique. Des améliorations, sous une forme ou une autre, ont été apportées par de nombreux chercheurs, et la fixité de certaines températures (comme celle de la glace fondante) a été créée. Les premiers thermomètres vraiment fiables ont été produits par Fahrenheit dans le premier quart du dix-neuvième siècle. Toutes les expériences et tous les concepts thermiques anciens se sont heurtés à l'incapacité de différencier clairement les températures et la quantité de chaleur, ainsi qu'aux différences notables et apparemment capricieuses entre les capacités de chauffage, ou les chaleurs spéciales, de matériaux uniques. Ces questions ont finalement été résolues de façon magistrale par Joseph Black vers la fin de l'époque à laquelle nous pensons. Il a effectué des mesures calorimétriques dans des entreprises et a démontré très clairement que, dans ces expériences, le système de chauffage agit comme un produit chimique qui passe d'un corps à l'autre et devient parfois "latent" pendant un certain temps (comme la glace qui fond), mais qui n'est ni détruit ni créé. Ces conclusions sont exactes dans le cadre de toutes les expériences de Black ; en outre, ce n'est qu'à une date ultérieure que les exceptions ont été considérées comme ayant une importance considérable et ne pouvant être expliquées par l'incitation à la latence ou par une version de la capacité de chauffage. Ce que l'on comprenait à l'époque justifiait pleinement un concept significatif de chaleur comme la théorie la plus pratique disponible ; et par conséquent, un autre fluide impondérable nécessitait sa position en tant qu'article louable et précieux du credo du physicien. De nombreux efforts ont été déployés en vain pour démontrer l'individualité de quelques-unes de ces substances hypothétiques. Ainsi, en raison des phénomènes de chaleur incandescente, il a été suggéré d'associer le calorique à tous les corpuscules de lumière ; cependant, le simple fait que la lumière traverse le verre, mais pas la chaleur incandescente, constitue toujours un obstacle insurmontable à ce point de vue.

Il y avait constamment à l'arrière-plan le risque que la lumière et la chaleur soient des sortes de mouvement, mais à l'époque considérée, les théories significatives tenaient définitivement le haut du pavé. Cette situation a créé des frontières assez nettes entre les différents domaines de la physique et a contrarié la tendance naturelle à utiliser les principes essentiels de la dynamique (qui, à ce stade, commençait à sembler presque instinctive) pour d'autres phénomènes physiologiques. Il n'y avait pas d'encouragement fantastique à utiliser les principes fondamentaux de la mécanique dans les impondérables ; ainsi, comme l'a démontré l'expérimentation, ils manquaient non seulement de la propriété visible du fardeau, mais aussi de la caractéristique dynamique cruciale de la matière régulière, l'inertie. La manière la plus féconde de les gérer serait de choisir comme postulats au développement mathématique du sujet des connexions empiriques spécifiques aussi simples et basiques que possible. Ce n'est qu'avec la constitution de la conservation de la puissance, à la fin des années quarante du XIXe siècle, que les obstacles entre les différentes "forces physiques" ont été levés. La période intermédiaire a néanmoins été marquée par d'excellentes découvertes dans le domaine de la physique mathématique et expérimentale.

Dans le concept de chaleur, deux fonctions de la période doivent au moins être notées. En 1822, Joseph Fourier écrit sa Théorie analytique de la chaleur, une œuvre de génie qui a eu un impact profond sur presque toutes les branches des mathématiques théoriques, ainsi que sur les mathématiques pures. Un événement plus important dans l'histoire des mathématiques a été la publication, en 1824, des Réflexions sur la puissance motrice du feu de Carnot. Son objectif principal était d'analyser l'efficacité des moteurs thermiques qui étaient devenus récemment un sujet d'attention en raison de l'utilisation croissante de la machine à vapeur conçue par Newcomen et Watt. Dans cet article, Carnot utilise une analogie ; il constate que la création de travail par un moteur peut être considérée comme due à la chute de calories d'une température plus élevée à une température plus basse, tout comme l'utilisation d'un moulin à eau est le résultat de l'effondrement de l'eau d'un degré plus élevé à un degré plus bas. Il suit un plan de raisonnement si facile et si puissant qu'il semble motivé ; il est fondé sur le refus de la possibilité d'un mouvement sans fin qui, même à l'époque, était une réalité empirique assez fermement établie en raison de l'échec persistant des tentatives visant à générer un tel mouvement. Il détermine donc le principe général que l'on appelle aujourd'hui "la deuxième loi de la thermodynamique" et dont l'application est beaucoup plus large que ne l'auraient envisagé Carnot ou certains de ses contemporains. En effet, presque tous les événements du monde physique sont accompagnés d'un dégagement ou d'une absorption de chaleur et sont donc soumis à cette loi. Elle module toute réponse chimique, comme l'a révélé Willard Gibbs cinquante-cinq décennies plus tard, ainsi que les processus chimiques et physiques de l'existence. Elle fixe les limites des spéculations cosmologiques et des prédictions sur l'avenir de la race humaine. Pas la moindre déviation n'a été détectée et la probabilité de ces déviations est si infime qu'elle doit être considérée comme l'une des vérités scientifiques les plus solidement établies. En électrostatique et en magnétisme, cet intervalle a été marqué par la progression des effets mathématiques de la découverte de Coulomb, la loi de l'inverse du carré s'appliquant à ces forces.

Une grande partie du concept atmosphérique a pu être obtenue directement, tandis que les applications distinctes à l'énergie ont été créées par Poisson, Green et bien d'autres. Entre-temps, une autre paire de phénomènes électriques était apparue. En 1791, Galvanithe, professeur de physiologie à Bologne, rendit compte de ses propres expériences sur la régénération des pattes de vaches touchées par deux métaux distincts en chapelet et, avec beaucoup d'habileté, soutint l'opinion qu'il s'agissait d'une manifestation électrique. Il a naturellement supposé que la source de la perturbation électrique se trouvait au niveau des cellules animales. Cette hypothèse fut combattue chaque année par Volta, qui appela le président de leurs forces impliquées dans cette ligne de contact entre les métaux correspondants, et donna également une bonne preuve qu'ils étaient électriques. Les conséquences étaient cependant assez faibles, et l'attention s'est relâchée jusqu'en 1800, lorsque Volta a inventé le "tas" au moyen duquel des résultats tout à fait appréciables peuvent être trouvés. Cela a immédiatement attiré l'attention ; et exactement à la même époque, Nicholson et Carlisle, en Angleterre, en bricolant avec la pile voltaïque, ont détecté la décomposition de l'eau par agitation et, peu après, Humphrey Davy a innové le concept chimique de ce tas, qui, après plusieurs années de bataille, a finalement supplanté le concept tactile de Volta. La connaissance du courant électrique, des piles et de ce procédé électrolytique a progressé très rapidement. Ces expériences ont eu un impact très profond sur la chimie pendant le concept électrochimique de Berzelius ; cependant, bien que cela ait été abandonné, les nombreuses notions modernes ont, dans un autre type, suivi la croyance que les forces composées sont de source électrique. De nombreux efforts ont été faits pour détecter un lien entre les phénomènes de puissance et les personnes du magnétisme, mais ils ont été négligés avant 1820, lorsque Oersted de Copenhague a détecté et expliqué correctement l'activité d'un courant électrique sur un aimant attiré près de lui. Dès que l'information de la surveillance parvint à Paris, Ampère commença l'ensemble des recherches qui allaient laisser son nom immortel dans la science.

En l'espace d'une semaine, il a montré à l'Académie les attractions et les répulsions des courants ; et tout au long des trois décennies qui ont suivi, ses expériences expérimentales et mathématiques hautes en couleur ont jeté des bases certaines et commerciales pour plusieurs des développements suivants de l'électrodynamique. Comme on s'y attendait, il a établi ses recherches sur la version newtonienne, en utilisant le présent - des composants agissant les uns sur les autres par des forces au niveau de la ligne qui les relie. Une fois de plus, il fut démontré que la loi était l'inverse du carré ; cependant, le fait que les éléments apportés étaient des quantités induites ajouta plusieurs problèmes qui, à la nation de la science mathématique à ce moment-là, donnèrent un champ considérable au "Newton de la puissance" pour l'écran de sa brillance. Les relations vectorielles incluses dans l'annonce de la difficulté ont déclenché une indétermination qui a ensuite donné lieu à de nombreux concours au terme d'Ampère pour la force entre les éléments de courant. Tous ces concepts donnaient exactement le même effet lorsqu'ils étaient incorporés dans des circuits fermés qui se prêtaient à l'expérimentation, et personne ne parvenait à formuler des expériences permettant de les différencier. Parmi ces concepts de concours, celui de Weber est intrigant car il ressemble, à certains égards, au concept moderne d'électrons.

Si la tradition électrique doit beaucoup à Ampère, elle est surpassée par son propre devoir envers Faraday, dont l'habileté expérimentale et la compréhension instinctive du caractère interne des phénomènes continuent à susciter l'émerveillement et l'admiration des hommes de science-fiction. À vingt et un ans, il était un compagnon relieur qui s'était formé lui-même en étudiant les romans qu'on lui avait confié. L'Encyclopaedia Britannica a éveillé sa curiosité pour les mathématiques et il a demandé à Davy un poste à la Royal Institution. Pendant de nombreuses années, depuis qu'il est l'assistant de Davy, son travail principal est la chimie ; cependant, la découverte d'Oersted lui fait tourner la tête en ce qui concerne l'énergie et devient par la suite son principal domaine de travail. En 1831, il a découvert l'induction des électrons, qui n'est pas seulement une conséquence fondamentale du concept d'électromagnétisme, mais aussi la base des innombrables utilisations pratiques de l'énergie dans les applications de l'homme. Parmi ses découvertes les plus diverses, je n'en citerai que deux : les lois qualitatives de l'électrolyse qui portent son nom et qui ont donné les premiers indices d'une théorie nucléaire de l'énergie, ainsi que la capacité d'induction spécifique des diélectriques. En raison des lacunes de sa scolarité, Faraday n'a jamais obtenu la méthode de ce mathématicien. Cependant, comme l'a souligné Maxwell, sa tête était admirablement adaptée au traitement des relations qualitatives. Il a résisté à son handicap en inventant ses propres méthodes pour refléter l'aspect quantitatif des phénomènes - des méthodes qui lui ont permis non seulement de remporter la victoire inespérée d'un découvreur, mais qui sont si bénéfiques pour d'autres personnes qu'elles ont tenu le haut du pavé dans l'enseignement de base de l'électromagnétisme, ainsi que dans les questions les plus complexes de l'ingénierie moderne. Ses lignes de force étaient pour lui des choses réelles et il imaginait que toutes les forces étaient envoyées d'un point à un autre dans un milieu constant.

La notion d'action à distance lui répugnait. Elle l'est en effet pour de nombreux physiciens, mais Faraday n'était pas attiré, comme la majorité d'entre nous, par l'utilisation des forces de l'espace en raison de leur avantage mathématique et donc pour échapper aux problèmes prodigieux de l'imagination d'un modéré ayant les propriétés vitales pour rendre compte de ses forces. Les préjugés de Faraday ont eu des effets significatifs sur une autre génération, comme nous le verrons lorsque nous reviendrons sur Maxwell. L'année civile 1800 est une date importante dans l'histoire de la bonté car c'est à cause de la puissance que Thomas Young s'est attaqué à la théorie ondulatoire de la lumière qui avait été presque entièrement négligée à l'époque de Huygens. L'année suivante, il a clarifié les couleurs des films minces (anneaux de Newton) au moyen de cette "perturbation" des ondes et, en 1803, il a appliqué exactement la même notion à des problèmes particuliers de diffraction, mais dans un sens qui s'est avéré incorrect par la suite. Il s'est retrouvé au cœur d'une controverse avec l'étonnant Laplace, qui avait élaboré un concept de double réfraction sur la base corpusculaire ; et pendant une douzaine d'années, Youthful n'a trouvé que peu d'empathie et de soutien à cause de ses perspectives parmi les hommes de science de réputation reconnue. En vérité, il était loin d'avoir un exemple fantastique ; la justification de la diffraction n'était pas satisfaisante ; il n'y avait pas d'excuse pour la polarisation parce que les ondes à l'éther ténu et fluide s'avéraient tout naturellement supposées devenir compressives comme les ondes sonores dans l'atmosphère ; également, pour exactement la même raison, aucune explication décente de la double réfraction ne semblait être potentielle.

Le défaut initial a été rectifié par le travail de Fresnel, présenté à l'Académie de Paris en 1816, où l'écrivain a commencé cette brillante série de recherches mathématiques et expérimentales qui a laissé le concept de marée entièrement victorieux sur son rival. Il donna également le concept légitime de diffraction par une fente en même temps que par un câble et révéla qu'il était en accord avec les conséquences de ses dimensions expérimentales. Poisson, qui avait été parmi les arbitres du journal, nota que l'événement fatal que l'idée de Fresnel prendrait une place brillante dans le centre spécifique de l'ombre d'une chose ronde. Cependant, après que la chose ait été mise à l'épreuve de l'expérimentation dans des circonstances appropriées, le point lumineux a été découvert et cela a évidemment généré une réponse en faveur de la théorie de Fresnel. Il semble que ce soit Young qui ait pris l'initiative audacieuse d'indiquer les vibrations des ondes douces afin de clarifier la polarisation. Fresnel reprit simultanément cette proposition et triompha en alignant toutes les subtilités de la portion ouverte, comme celle des cristaux biaxiaux, qui avait été découverte plusieurs années auparavant par Brewster et qui constituait une pierre d'achoppement pour d'autres notions. Par la suite, il reprit avec le même succès le concept de ré-entraînement par des corps clairs normaux ; aussi, depuis la conclusion de la série de mémoires, il n'y a plus aucun doute dans l'esprit de toute personne capable que la lumière possède les propriétés cinématiques d'un mouvement ondulatoire transversal. Sur le plan dynamique, cependant, les choses n'étaient pas aussi claires. Il était difficile de penser que l'éther pouvait être fort et permettre le libre mouvement des corps matériels sans la moindre résistance détectable. C'est la source de la fantastique difficulté de la présence et des propriétés de cet éther - un problème qui a suscité l'intérêt avide des physiciens pendant plusieurs centaines de décennies et qui continue à nous accompagner. Plusieurs des découvertes les plus essentielles, tant mathématiques qu'expérimentales, sont nées des efforts déployés au cours de cette alternative. Elle a stimulé l'analyse mathématique du concept des solides et de l'applicabilité de ce concept aux phénomènes lumineux.

Le travail de Gauchy, Green, McCullagh, Stokes et Kelvin dans cette discipline pourrait éventuellement être déclaré comme ayant généré une nouvelle ère dans la physique mathématique et dans les mathématiques elles-mêmes ; au traitement de la pression constante des méthodes nécessaires qui différaient de plusieurs façons des forces propres à l'espace de cette forme newtonienne. C'était le premier effort pour employer en toute rigueur les principes fondamentaux de la dynamique à des phénomènes normaux en dehors du domaine limité des mécanismes appropriés. Ce n'était pas absolument puissant, mais il y avait presque un encouragement continu. Nous aurons le temps de vérifier une autre étape de la vaillante attaque contre les mystères de la nature lorsque nous en viendrons à nous occuper du travail de Clerk Maxwell. C'est vers le milieu de ce siècle qu'est intervenue la découverte historique de la conservation de l'énergie, qui a permis de relier tous les types de phénomènes chimiques et physiques les uns aux autres de manière beaucoup plus étroite qu'on ne l'avait supposé jusqu'alors. Incidemment, cette découverte a considérablement renforcé la tendance, dont j'ai parlé, à rechercher une base strictement dynamique pour la plupart de ces phénomènes. La découverte est apparue principalement lors d'un réexamen de la nature de la chaleur, et son contexte est en effet curieux et intrigant - c'est avec tristesse que je comprends l'impossibilité d'en rendre compte de manière adéquate dans le cadre des contraintes de la conférence. Comme nous l'avons observé, la croyance que la chaleur était un fluide important a éclaté pendant plusieurs années et s'est établie de manière inestimable ; mais il y avait le sentiment (en remontant à l'époque de Hooke et de Newton) qu'elle pouvait être une conséquence du mouvement - peut-être de ces fines particules dont la chose standard était composée, ou même des corpuscules de lumière à l'intérieur de la chose. À la fin du vingtième siècle, le comte Rumford avait laissé des expériences qui auraient dû faire avancer les choses dans la bonne direction, mais qui avaient été rejetées. Carnot lui-même, même dans certaines notes posthumes qui n'ont été imprimées qu'en 1878, a donné un résumé si apparent du concept authentique que nous ne pouvons pas ignorer que le cours de la science aurait été considérablement modifié, comme le pense Mach, si Carnot n'était pas mort du choléra en 1832.

La théorie calorique a finalement été renversée par les travaux de deux hommes seulement, Mayer et Joule, très indépendamment et ayant au départ une certaine compréhension du travail de l'autre. Mayer, un médecin juif de Heilbronn, a commencé son processus de justification en se basant sur le fait que le cerveau est d'un rouge plus foncé dans les climats tropicaux que dans les climats tempérés. Ignorant le langage de la physique, il ne put se faire connaître au début et essuya plusieurs rebuffades. Il a même appris à composer pour que les physiciens puissent le comprendre, a découvert des expériences abandonnées et, finalement, sans aucune expérience propre, a donné une preuve concluante de son concept et a acquis une grande signification de l'équivalent mécanique de la chaleur. Il n'y a guère de contraste plus grand que celui qui existe entre lui et son compagnon de découverte. Joule était un brasseur de Manchester et un amateur de mathématiques, un expérimentateur habile et sincère qui, année après année, a apporté une preuve qualitative irréfutable de l'équivalence entre le travail mécanique et la chaleur dans toutes sortes de situations. Un troisième collaborateur pour asseoir le nouveau concept sur une base solide fut Helmholtz dont le célèbre mémoire de 1847 démontra certainement la généralité de ce tout nouveau principe et son applicabilité à toutes les branches des mathématiques ; il lui donna également une formule mathématique appropriée et démontra son excellente force dans la découverte de relations entre des phénomènes de types apparemment différents. L'étape suivante consistait à réconcilier ce tout nouveau principe avec celui de Carnot, ce qui s'avéra assez difficile. Elle déconcerta Kelvin pendant de nombreuses années et retarda son adhésion totale au concept de Joule ; finalement, il y vit clair et, grâce à son travail et à celui de Clausius, le concept contemporain fut établi sur les deux principes qui se trouvent côte à côte depuis la première et la deuxième loi de la thermodynamique.

Ces deux principes philosophiques sont probablement les plus rigoureusement établis et les plus largement vérifiés de toutes les soi-disant lois du caractère. Dans le traitement classique de ce sujet, ils sont considérés comme des axiomes, et des déductions sont créées à partir d'eux qui, dans la forme, la science-fiction est similaire à la géométrie. Comme nous l'avons déjà mentionné, les résultats obtenus sont d'une grande généralité et d'une grande portée dans les applications techniques ainsi que dans les conséquences philosophiques. C'est l'un des plus grands triomphes de la physique théorique. Parallèlement à ce concept, une autre façon de gérer le sujet est apparue, beaucoup moins répandue et beaucoup plus personnelle, mais qui s'est avérée être une aide inestimable pour l'étude. Dès que l'on s'est rendu compte que l'énergie mécanique et l'énergie thermique étaient convertibles, il est devenu inévitable que les physiciens recherchent une théorie mécanique complète de la chaleur. La notion claire était que la chaleur consistait en l'énergie de mouvement des minuscules particules, ou atomes, indépendamment de leur présence, plus ou moins communément acceptée depuis le début du concept nucléaire de Dalton pour rendre compte de ses lois de substance de pourcentages définis et de plusieurs pourcentages. Pour pouvoir produire ce concept, les lois des mécanismes devaient être appliquées mathématiquement à d'énormes agrégats d'atomes réagissant les uns sur les autres de diverses manières. De ce point de vue, l'état le plus simple est l'état gazeux ; la théorie cinétique des gaz a également été élaborée par Clausius et Maxwell et a permis de réaliser des progrès étonnants en l'espace de quelques décennies. Les concepts atomiques et moléculaires sont devenus qualitatifs et définitifs. Certes, un atome de Dalton pouvait avoir presque n'importe quelle taille, pourvu qu'il soit suffisamment petit pour échapper à la surveillance d'une personne et qu'il ait la proportion de masse appropriée par rapport aux différentes molécules ; cependant, les atomes et les atomes du concept physiologique avaient une masse, des dimensions, une vitesse et une trajectoire libre déterminées et calculables. Ils sont devenus tout à fait réels pour les physiciens et ont toujours été utilisés pour justifier et préparer les expériences.

Il y a environ vingt-cinq ans, une attaque résolue contre la plupart des théories nucléaires a été lancée par Ostwald et ses disciples, l'un des chimistes du corps, en grande partie par ignorance des preuves réelles sur lesquelles elles étaient fondées. Ils considéraient ces concepts comme le fruit métaphysique de leur imagination et les attaquaient comme des obstacles au progrès réel de la doctrine de la nature. La religion des physiciens n'a cependant pas été contestée un seul instant ; elle a également été justifiée par l'évolution des découvertes au cours des décennies qui ont suivi. Le sceptique Thomas a été convaincu et les personnes qui nient l'objectivité des choses peuvent maintenant s'étonner de la présence physique réelle des molécules et des atomes. Au cours des travaux de Boltzmann, Gibbs et bien d'autres, l'utilisation de la mécanique statistique pour les questions moléculaires a été conçue et généralisée afin d'être liée à d'autres pays de la chose que le pays gazeux ; et des efforts ont été faits pour réduire l'ensemble de la non-dynamique à une base mécanique. Le sujet est vraiment difficile et présente de nombreux inconvénients pour les personnes très prudentes ; et nous devons conclure, je crois, que l'effort a rempli une tâche qui est probablement en train de se terminer. Il a néanmoins conduit directement à la théorie quantique de Planck, une généralisation fantastique qui est le trésor le plus contrariant et aussi le plus prometteur que possède ce physicien à l'heure actuelle. Le prochain grand jalon dont il faut prendre acte est l'unification des concepts de l'électrodynamique et bien sûr de l'optique par Clerk Maxwell. Il nous informe que, impressionné par la fertilité et la valeur des pensées de Faraday, il a choisi, en commençant son étude approfondie de l'énergie, de ne plus voir de mathématiques sur le sujet jusqu'à ce qu'il ait maîtrisé les "Recherches expérimentales" de Faraday. Maxwell était un mathématicien exceptionnellement instruit et authentique, et ses premiers journaux sur l'électrodynamique étaient consacrés à l'énoncé, sous une forme mathématique apparente, d'un certain nombre d'hypothèses et de modes de pensée de Faraday. Comme son maître préféré, il s'opposa aux actions sur l'espace et concentra son attention sur le moyen par lequel les forces cinétiques peuvent être transmises.

Dans de nombreux mémoires imprimés dans les années soixante, il a donné des détails sur les versions mécaniques qui ont été adaptées à cette fin. Lentement, ces auxiliaires ont été éliminés et, précisément dans le même temps, le concept dépasse de loin son intention initiale de traduire Faraday en terminologie mathématique. Maxwell a démontré clairement que les détails connus de l'électrodynamique pouvaient résulter de l'action d'un médium et, par une justification mathématique rigoureuse, qu'il lui manquait les liens que ce médium doit posséder. Ces derniers se sont avérés indiscernables dans tous les détails avec les personnes que nous devons attribuer à l'éther luminifère afin de rendre compte des phénomènes d'éclairage. C'est ainsi qu'est née la théorie électromagnétique de la lumière et que deux bons domaines de la physique ont été réunis sous un système d'hypothèses exprimées de manière évidente sous la forme d'équations différentielles.

La publication du "Traité d'électricité et de magnétisme" de Maxwell en 1873 a été une occasion de première importance dans l'histoire des mathématiques. Le nouveau concept a mis du temps à faire son chemin, en particulier sur le continent européen, et Maxwell lui-même est mort en 1879. Son travail a été consommé, mais par plusieurs adhérents dévoués, parmi lesquels on peut citer Heaviside, Lodge, Rowland, Poynting, Gibbs, J. J. Thomson, ainsi que Larmor. En 1886, Hertz, dont l'attention avait été attirée quelques années plus tôt sur le concept de Maxwell par Helmholtz, a créé une surveillance involontaire qui, pour son esprit intense, a permis une évaluation immédiate de la vitesse limitée de propagation de l'activité neuronale. Sa brillante collection d'expériences a démontré que la présence, la vitesse et les propriétés des ondes électromagnétiques constituaient une affirmation complète du concept de Maxwell. Vous comprenez tous que les merveilles du sans fil sont un effet immédiat des expériences de Hertz ; cependant, pour le physicien, cela est beaucoup moins intéressant et important que l'expansion continue de la portée et de la puissance des équations de Maxwell, qui sont plus proches de cet idéal d'une "formulation planétaire" que tout ce que connaît l'homme de science-fiction d'aujourd'hui. Depuis une dizaine d'années, il était communément admis que les principales traces de cette science physique étaient attirées par une forme plutôt décente, voire définitive. Il restait cependant beaucoup à faire, on pouvait s'inquiéter des détails, du perfectionnement des concepts et de l'amélioration de la précision des dimensions. Une quantité fantastique de travaux très utiles dans ce domaine a été réalisée dans plusieurs disciplines ; par exemple, je peux me référer brièvement à l'évolution des mesures précises en spectroscopie.

L'utilisation du spectroscope comme moyen d'analyse chimique a été mise en place vers 1860 par Bunsen et Kirchhoff, et l'utilisation de la technique a été étendue, avec la découverte colorée de Kirchhoff, aux atmosphères des étoiles et du soleil. Vous connaissez quelques-uns des grands résultats obtenus grâce à l'utilisation de ce spectroscope pour résoudre des problèmes astronomiques, ainsi que l'essor de cette science frontalière qu'est l'astrophysique. Des progrès fantastiques dans les appareils spectroscopiques ont été réalisés par Rowland, Michelson et beaucoup d'autres, et il s'est développé tout un corps humain de spectroscopistes habiles, qui se sont engagés à mesurer avec précision les longueurs d'onde de leurs innombrables lignes spectrales émises par les différents composants chimiques et à découvrir des liens de causalité entre les valeurs numériques des longueurs d'onde. On espérait que ces observations pourraient nous éclairer sur l'arrangement des électrons, mais pendant plusieurs années, aucun progrès n'a été réalisé dans cette direction. En effet, ce n'est que récemment que les résultats d'une création de spectroscopistes commencent à être utiles à cette fin et juste après que l'indice d'un certain concept de structure nucléaire ait été donné par des recherches dans différents domaines.

La spectroscopie est pratiquement le seul élément de la physique où une énorme masse d'informations a été recueillie avant l'existence d'une théorie ou d'un concept directeur pour guider le travail. La procédure d'induction et de classification qui a joué un rôle si important dans quelques autres sciences semble être reléguée aux mathématiques. Les mesures précises sont parfois à l'origine de découvertes brillantes, lorsqu'elles tombent entre de bonnes mains. Un exemple classique est la découverte de l'argon par Lord Rayleigh, conséquence d'une tâche plutôt prosaïque consistant à redéterminer avec une précision fantastique la qualité de l'azote. À la suite du travail de Rayleigh, une famille complète de composants chimiques, dont la présence était totalement insoupçonnée par les chimistes, a été détectée par Ramsay. Néanmoins, ce genre de chose n'arrive que rarement ; en général, une dimension réelle ne contribue à aucun résultat excitant, mais prend sa propre place parmi les bonnes pierres de base de cette science. Pendant une dizaine d'années, les physiciens ont été assez largement convaincus que c'était exactement ce qu'ils devaient anticiper, et que l'avenir des mathématiques se situait "à l'ancienne place des décimales". Toutes ces anticipations d'un âge plus avancé utile, bien que légèrement ennuyeux, en raison de ses recherches, ont été agréablement déçues dans les toutes dernières années de ce siècle par l'impressionnante explosion de découvertes soudaines que l'un des rayons Rontgen est venu faire à cette époque. La découverte de la radioactivité par Becquerel, l'identification du "corpuscule" subatomique ou des électrons par J. J. Thomson, ainsi que le diagnostic de l'ionisation des gaz ont contribué à un grand nombre de résultats significatifs.

Aucun physicien ayant atteint l'âge mûr ne peut ignorer l'attention romantique de leurs dix années après 1895, lorsque des découvertes mimétiques se succédaient rapidement et que les journaux corporels étaient attendus avec une impatience qui n'avait rien à voir avec l'envie d'avoir des papiers. Cependant, les nouvelles étaient bonnes et énuméraient une chaîne presque ininterrompue de succès. Ces découvertes étaient, comme je l'ai dit, inattendues, mais elles n'étaient en aucun cas fortuites. Elles sont le résultat d'une analyse longue et minutieuse de leur décharge électrique à travers des gaz raréfiés - un ensemble d'événements complexes qu'il est difficile d'ordonner. Vingt ans auparavant, Maxwell avait prédit que la prochaine bonne étape dans notre compréhension des liens entre la puissance et la question viendrait d'un rapport sur cette décharge à travers les gaz ; elle a également été poursuivie dans cette âme par de nombreux gars bien que l'allusion qu'ils les ont cherchés pendant vingt-cinq décennies. Comme il est venu, il a été dans un genre qui était, pour autant que je sache, tout à fait imprévu et surprenant. C'est ainsi qu'il nous a fallu plus d'une décennie pour apprendre avec certitude ce qu'étaient exactement les rayons X. Ce n'est qu'en 1912 que l'on a découvert qu'il s'agissait d'une technique de pointe. Ce n'est qu'en 1912 que la découverte par Laue de la diffraction des rayons X par la fonction subséquente de W. H. et W. L. Bragg a permis d'établir avec certitude que ces faisceaux étaient de même nature que les rayons doux, mais avec des longueurs d'onde de l'ordre de 1/5000 de celles du spectre visible.

Cela a été pendant un certain temps la théorie dominante concernant leur caractère ; cependant, il y avait peu de preuves quantitatives pour prendre des mesures et, quelques années seulement avant cette découverte de la diffraction apparente,

W. H. Bragg lui-même a avancé plusieurs raisons de croire que les rayons X pouvaient être corpusculaires. L'analyse des ondes très brèves nous a donné une compréhension précieuse de l'essence de ces atomes de divers composants et garantit des progrès encore plus importants à long terme ; elle a donné une nouvelle façon très efficace d'analyser la structure cristalline et a modifié notre concept de l'essence du mélange chimique dans les modes de vie cristallins ; et elle prétend également obtenir un logiciel pratique aussi utile dans le secteur que la spectroscopie standard.

La découverte de la radioactivité par Becquerel, suivie presque instantanément de la découverte des rayons X par Riontgen, a également été, d'une certaine manière, un résultat immédiat de cette découverte ; ces deux découvertes sont tout aussi importantes, car elles ont donné lieu à d'importants programmes médicaux qui ont attiré l'attention du public. La découverte spectaculaire du radium par Mme Curie a été un épisode précoce dans le contexte du sujet. Cependant, le principal développement dans ce domaine a sans aucun doute été l'institution par Rutherford et ses étudiants de l'origine et de l'origine de l'énergie de ces radiations. Il a révélé de la manière la plus horrible qu'elles sont dues à la désintégration des atomes des éléments arctiques - uranium, thorium, radium, etc. - et qu'une transmutation spontanée de ces éléments se produit constamment.

La généalogie de ces composants radioactifs est connue avec plus de précision que celle des familles royales ; les numéros de mortalité et de naissance des différents types d'atomes figurent dans tous les manuels scolaires. Une partie de la fantaisie des alchimistes s'est donc réalisée, mais seulement une partie ; pour contourner le courant, toutes les tentatives de transmutation non naturelle de ces composants lourds ont été négligées. En fait, nous ne sommes pas encore en mesure de modifier le moins du monde la transmutation spontanée de ces composants radioactifs ; elle ne peut être ni retardée ni accélérée par aucun bureau sous notre contrôle. Nous comprenons cependant que d'énormes réserves d'énergie ont été enfermées dans les atomes de ces composants plus lourds et si le temps vient où cette énergie est parfois déchargée et contrôlée par l'homme, elle provoquera une révolution dans les processus industriels plus simple que celle qui a suivi l'apparition de la vapeur et de l'électricité. Un petit pas dans cette direction a été fait au cours des deux dernières décennies.

Rutherford a obtenu la preuve que le système biliaire peut être divisé par bombardement avec des rayons alpha, dont l'hydrogène est l'un des produits de la procédure. Il n'est pas trop tôt pour considérer qu'il s'agit d'une démonstration certaine ; cependant, même si elle est exacte, la quantité de matière transmutée de cette manière est trop faible, tandis que la quantité d'énergie libérée par la procédure (s'il y en a une) est beaucoup plus faible que ce qui pourrait être quantifié. Nous nous sommes habitués aux petits feux qui finissent par produire des résultats fantastiques ; de même, un physicien contemporain serait bien imprudent s'il essayait de limiter les chances d'une découverte potentielle dans cette direction. La découverte de l'électron a également été un exemple de première importance dans l'histoire de la science. C'est le plus grand atome de puissance nuisible et il fait partie des atomes matériels. En outre, il peut exister à l'état "désincarné", comme dans les rayons cathodiques, les rayons bêta du radium et le flux numérique des corps incandescents. Dans ce dernier cas, il a été démontré que le tube audionique ou thermionique, qui est à l'origine de la plupart des améliorations remarquables dans ces domaines au cours des cinq ou six dernières décennies, est d'une grande utilité pratique pour la télégraphie sans fil et la télégraphie antiparasitaire. Pour le physicien et le chimiste d'aujourd'hui, l'électron est un concept nécessaire dans les analyses expérimentales et théoriques ; et son existence ne peut être contestée que pour des raisons philosophiques qui pourraient ajouter un doute à la présence du sujet lui-même. Le caractère de la puissance positive n'est pas trop définitivement compris ; cependant, les preuves s'accumulent qu'elle existe également dans une sorte atomique depuis le "noyau" de cette molécule d'hydrogène - le résidu laissé une fois que la molécule d'hydrogène est due à son propre électron négatif. Il est de plus en plus probable que les "noyaux" des différents atomes soient construits à partir de ces derniers et d'électrons. Si cet ensemble d'hypothèses doit résister à l'épreuve du temps, nous devrons résoudre cette question et la puissance sont des détails uniques de la même chose - que les molécules de matière sont façonnées par diverses collocations de ces atomes de puissance négative et positive.

Une autre ligne de questions corporelles qui s'est avérée d'une importance fondamentale et profonde est celle de la théorie dite quantique de Planck. Elle a commencé par l'analyse (théorique et expérimentale) de la durabilité et de la qualité du rayonnement d'une "figure noire", ou radiateur idéal, lorsqu'elle est conservée à une certaine température. L'intensité totale de ces radiations a été déduite en toute connaissance de cause par Stefan dans les fondements de la thermodynamique et les résultats prédits ont été vérifiés par l'expérimentation. Lorsque l'on s'efforce de prévoir la manière dont la puissance est dispersée dans le spectre, afin de pouvoir dire quelle partie de l'intensité totale est complétée par une période d'onde spécifique, le problème devient beaucoup plus difficile. Il est nécessaire d'avoir recours à des procédures statistiques similaires à celles utilisées par Maxwell, Boltzmann et Gibbs pour tenir compte des propriétés non énergétiques des cellules. Les premiers pas dans cette direction ont été faits par W. Wien, mais les déductions de son concept n'étaient pas tout à fait en accord avec les résultats expérimentaux. Planck réussit à obtenir une formulation qui s'accordait avec l'expérimentation, mais seulement en créant des hypothèses assez aventureuses ; la plus remarquable d'entre elles est l'émission, ou même l'absorption de rayonnement, soit ou éventuellement, se produit non pas lentement et toujours comme nous l'avions toujours supposé, mais par des "quanta" finis et différents. Du point de vue de la théorie de Planck, on peut considérer qu'elle étend le domaine du concept nucléaire, jusqu'à présent limité aux choses, à l'énergie également. Je ne peux espérer indiquer, même dans le court laps de temps dont je dispose, quelles sont les hypothèses révolutionnaires de Planck ; elles continuent d'être imparfaitement comprises et il n'a pas encore été possible de les réconcilier entièrement avec différents détails et lois générales qui semblent reposer sur des fondements très solides. Vraiment, dans le cas où les résultats des spéculations de Planck se seraient limités à la déduction d'une formulation du rayonnement d'une figure obscure, ils n'auraient pas, je crois, suscité l'attention critique des physiciens.

Néanmoins, ils ont commencé à apparaître clairement dans un certain nombre de domaines de recherche, par exemple en relation avec l'effet photo-électrique, avec les rayons X, ainsi que dans la plupart des théories de la structure nucléaire. À l'heure actuelle, personne ne doute que la plupart de nos notions fondamentales en mécanique et en électrodynamique doivent être révisées à la lumière de ce concept quantique, qui n'en est pas moins lui-même dans un état vraiment immature. La question qui se pose de réunir sous un même système des ensembles d'événements apparemment divergents est très difficile et il faudra peut-être attendre un autre Newton pour la résoudre. Néanmoins, la plupart des physiciens théoriques sont fascinés par cette question ; ils peuvent se féliciter d'être en possession d'un problème non résolu de toute première importance et d'une ampleur fantastique, et ils savent que tant qu'ils continueront à le faire, leur vie ne sera pas ennuyeuse. Je serais désespéré s'il avait fallu, en conclusion d'un cours trop long, faire le récit d'Einstein, de la relativité et de la gravitation. Heureusement, tout besoin d'éducation sur ces sujets a été comblé par les articles, les publications et d'innombrables romans, populaires ou non. Permettez-moi cependant de dire très sérieusement que plus on comprend le contexte et les développements actuels de la physique, plus on respecte sincèrement et passionnément l'identité et l'imagination colorée du génie d'Einstein. Il est peu probable que ses découvertes aient une influence aussi importante sur l'avenir des mathématiques que certaines des autres découvertes que j'ai évoquées. Néanmoins, les conséquences ultimes de son travail sur les méthodes utilisées dans l'aspect théorique de la science physique pourraient bien s'avérer radicales ; et il semble très probable qu'elles modifieront dans une certaine mesure nos points de vue philosophiques sur l'essence de l'univers extérieur et sur notre lien avec lui. Il se peut que vous ayez remarqué que, dans ma description minutieuse des progrès des mathématiques depuis 1895, j'ai régulièrement utilisé des termes tels que "significatif", "marquant une époque" ou même "révolutionnaire". En réalité, la plupart des découvertes et des concepts qui sont apparus plus ou moins indépendamment et qui ont été mentionnés individuellement sont des éléments constitutifs d'une "révolution" qui n'a pas encore atteint son apogée. C'est l'une des plus grandes joies intellectuelles du physicien d'aujourd'hui que d'observer comment ces questions apparemment diverses s'imbriquent les unes dans les autres et prennent la place qui leur revient dans une stratégie d'ensemble qui prend rapidement forme et cohérence.

Les notions les plus récentes de la physique ont un effet profond sur les notions de base de la chimie et rapprochent considérablement les caractéristiques de ces deux sciences. Elles ont rendu possible une notion logique de la loi de Mendelejeff, et ont également déplacé le poids en tant qu'élément de contrôle dans la conclusion des propriétés chimiques de ces composants. Ils ont également donné des raisons d'espérer très raisonnablement que l'avenir pourrait voir la maturation d'un véritable concept de mélange chimique, ce qui est assurément très souhaitable. La nature générale de ce changement profond qui se produit à partir des idées de base sur les sexes pourrait peut-être être décrite brièvement et de manière inadéquate dans les termes suivants. Les découvertes scientifiques actuelles nous ont permis de faire de nombreuses expériences avec l'atome et de découvrir certaines de ses propriétés et de ses actions. Jusqu'à récemment, nous étions en mesure de traiter les moyennes statistiques du comportement d'énormes quantités d'atomes et d'atomes et toutes nos lois physiques sont basées sur cette compréhension statistique. Le lien évident entre les formules anciennes et les formules plus récentes pourrait bien être dû à l'écart. Il est fort possible que les lois suprêmes qui régissent les activités des atomes soient absolument distinctes des lois de la mécanique et de l'électrodynamique qui sont si familières qu'elles semblent presque axiomatiques. S'il en est ainsi, les "lois" reconnaissables ne perdront en aucun cas leur validité dans le domaine qu'elles régissent depuis si longtemps ; néanmoins, nous comprendrons qu'il ne s'agit pas de lois fondamentales et principales, mais de lois cybernétiques secondaires par lesquelles une grande partie de l'identité des actions corporelles a été aplanie par la procédure de calcul de la moyenne. Le fait d'en venir au point de vue est évidemment un lubrifiant pour tous ceux qui ont été nourris et élevés par le régime précédent. Toutefois, ce désarroi est largement compensé par le champ intriguant et apparemment inépuisable de spéculation et de recherche qui s'ouvre aujourd'hui à notre usage et à notre plaisir.

Don't miss out!

Visit the website below and you can sign up to receive emails whenever Jordan Maxwell publishes a new book. There's no charge and no obligation.

https://books2read.com/r/B-A-DWBV-WBOHC

BOOKS 2 READ

Connecting independent readers to independent writers.

Also by Jordan Maxwell

History of Physics: The Story of Newton, Feynman, Schrodinger, Heisenberg and Einstein. Discover the Men Who Uncovered the Secrets of Our Universe.
Histoire de la Physique: L'histoire de Newton, Feynman, Schrodinger, Heisenberg et Einstein. Découvrez les hommes qui ont percé les secrets de notre univers